MATHEMATICAL SUDOKU PUZZLE BOOK FOR ADULTS

KILLER, SANDWICH AND FRAME SUDOKU PUZZLES

120 LARGE PRINT SUDOKU VARIATIONS TO TEST YOUR CALCULATION AND LOGIC SKILLS

INDEX

Rules — 2

Killer Sudoku — 5

Sandwich Sudoku — 45

Frame Sudoku — 85

Answers — 125

Copyright © 2024 Puzzler Pro Publishing

Killer Sudoku Rules

Killer Sudoku is a logic puzzle based on a 9x9 grid and its rules include:

1. Fill each row, column and 3x3 region with numbers 1 to 9 only once.
2. Every cell is a part of a cage, indicated by a dotted line shape and a number (the sum) in its upper left corner. Make sure the cells can be added up to the sum of its cage.
3. Numbers cannot repeat within cages.

Following is a partially solved puzzle:

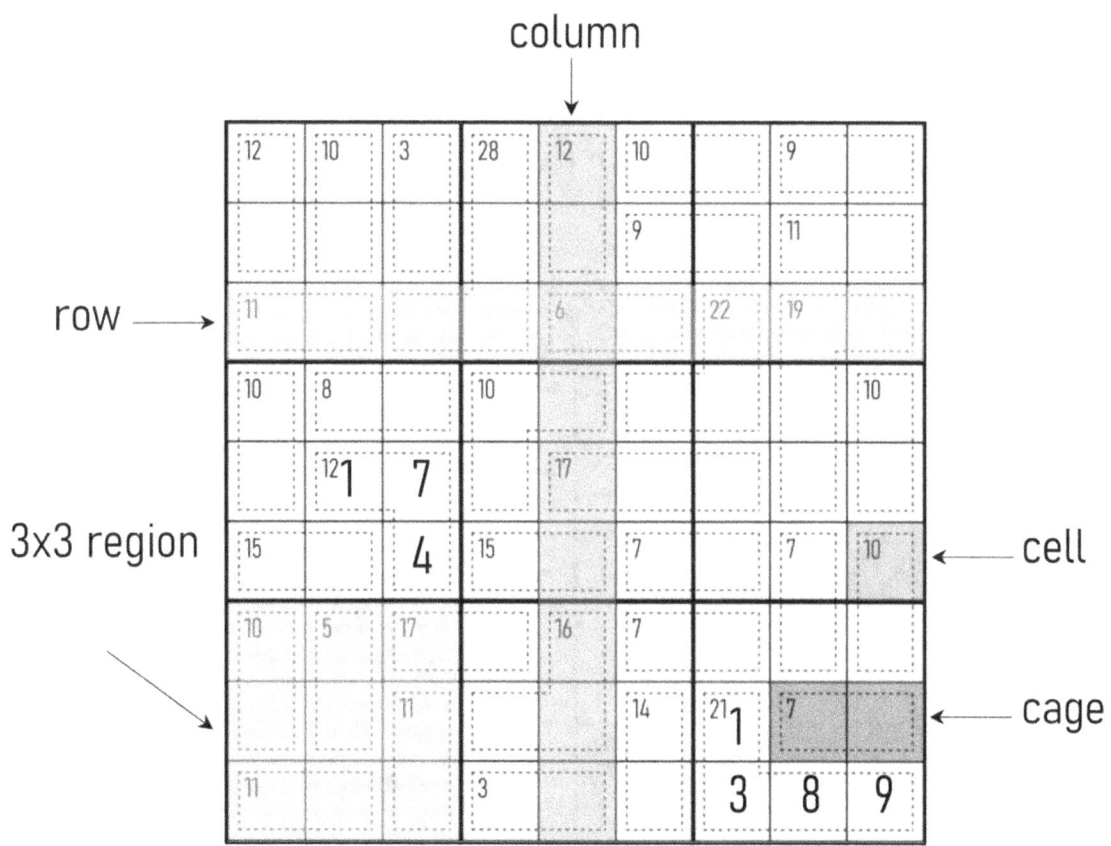

Note the sums adding up: (1+7+4=12), (1+3+8+9=21)

Sandwich Sudoku Rules

The objective of Sandwich Sudoku remains the same as classic Sudoku: to complete the grid with numbers 1 through 9, ensuring that every row, column, and 3x3 box (has all nine digits exactly once.

In Sandwich Sudoku, you will see extra numbers outside the grid, aligned with the rows and columns. These numbers represent the sum of the digits "sandwiched" between the numbers 1 and 9 in the corresponding row or column, so it is also referred to as "Between 1 and 9 Sudoku".

Following is an example of a partially solved puzzle:

0 means there are no digits between 1 and 9

Digits 3 and 8 is between 1 and 9, and the sum is 11

Frame Sudoku Rules

The objective of Frame Sudoku remains the same as classic Sudoku.

In Frame Sudoku, you will see extra numbers outside the grid, aligned with the rows and columns. These numbers represent the sum of the first three digits in the corresponding row or column in the given direction. Therefore, it is also referred to as "Outside Sum Sudoku".

Following is an example of a partially solved puzzle:

15 is the sum of the first three digits in the column

17 is the sum of the first three digits in the row

KILLER SUDOKU

PUZZLE 1 - EASY

KILLER SUDOKU

PUZZLE 2 - EASY

KILLER SUDOKU

PUZZLE 3 - EASY

KILLER SUDOKU

PUZZLE 4 - EASY

KILLER SUDOKU

PUZZLE 5 - EASY

KILLER SUDOKU

PUZZLE 6 - EASY

KILLER SUDOKU

PUZZLE 7 - EASY

KILLER SUDOKU

PUZZLE 8 - EASY

KILLER SUDOKU

PUZZLE 9 - EASY

KILLER SUDOKU

PUZZLE 10 - EASY

8	13	11		11	7	20	9	4
		13						
11		9	7		22		9	16
11			11	15		8		
	5						24	
11		10		4	9			
17		13				8		18
16			11	10	7	11		
	8					8		

KILLER SUDOKU

PUZZLE 11 - EASY

KILLER SUDOKU

PUZZLE 12 - EASY

KILLER SUDOKU

PUZZLE 13 - EASY

KILLER SUDOKU

PUZZLE 14 - EASY

KILLER SUDOKU

PUZZLE 15 - EASY

KILLER SUDOKU

PUZZLE 16 - MEDIUM

KILLER SUDOKU

PUZZLE 17 - MEDIUM

KILLER SUDOKU

PUZZLE 18 - MEDIUM

KILLER SUDOKU

PUZZLE 19 – MEDIUM

KILLER SUDOKU

PUZZLE 20 - MEDIUM

KILLER SUDOKU

PUZZLE 21 - MEDIUM

KILLER SUDOKU

PUZZLE 22 - MEDIUM

KILLER SUDOKU

PUZZLE 23 – MEDIUM

KILLER SUDOKU

PUZZLE 24 - MEDIUM

KILLER SUDOKU

PUZZLE 25 – MEDIUM

KILLER SUDOKU

PUZZLE 26 - MEDIUM

KILLER SUDOKU

PUZZLE 27 - MEDIUM

KILLER SUDOKU

PUZZLE 28 - MEDIUM

KILLER SUDOKU

PUZZLE 29 - MEDIUM

KILLER SUDOKU

PUZZLE 30 - MEDIUM

KILLER SUDOKU

PUZZLE 31 - HARD

KILLER SUDOKU

PUZZLE 32 – HARD

KILLER SUDOKU

PUZZLE 33 - HARD

KILLER SUDOKU

PUZZLE 34 - HARD

KILLER SUDOKU

PUZZLE 35 - HARD

KILLER SUDOKU

PUZZLE 36 - HARD

KILLER SUDOKU

PUZZLE 37 - HARD

KILLER SUDOKU

PUZZLE 38 - HARD

KILLER SUDOKU

PUZZLE 39 - HARD

KILLER SUDOKU

PUZZLE 40 - HARD

SANDWICH SUDOKU

PUZZLE 1 - EASY

	0	0	0	23	0	16	3	0	0
8	2				8	1		6	4
35					3	2		5	
35		8		4				3	1
27	6	9		5			4	1	2
25				8	6	4			3
2	3		4		2				7
12				3		5	1	7	
7	4	6			9			2	
6	5		3						

SANDWICH SUDOKU

PUZZLE 2 - EASY

	22	11	35	15	23	6	10	9	21
8				5	4	2			
5		4		8			1	5	9
0		7					2	4	8
17	5		7		3	6	8		
0				7		1	9	2	
0		9	6	2		4	5		3
0	2			6				9	
0						5	7		
0			9			8	6	3	

46

SANDWICH SUDOKU

PUZZLE 3 - EASY

	27	0	9	0	28	30	4	9	19
0	2	8		3	1			6	
3		7	5				9	3	
0				7		6		8	2
21						7	1		6
16			6	1					
0	5	4				8	3	2	
13	8	3	2	5	4		6	7	9
5				6					
6		6	9			2		4	

SANDWICH SUDOKU

PUZZLE 4 - EASY

	4	5	15	29	0	32	5	12	5
13	5	4			8				7
7	3		8	9			5		4
22	2					4	1	8	
22		3					7	1	2
19	6	2				7			
12				8	9	2	6		
35		8	2	7	3		4	5	1
15			3		5				
17	1			4		9			

SANDWICH SUDOKU

PUZZLE 5 – EASY

	15	12	0	5	29	8	26	6	16
17		8		7	4	6	9		3
24								7	
0			3				2	6	8
0	1	9		4			5		6
7			4				7	1	2
19					5				9
26		4		3	6	5			
24	6	1	7			4			5
0	3				9		7	6	8

SANDWICH SUDOKU

PUZZLE 6 - EASY

	4	19	0	2	0	17	5	14	0
24			4		5	2			
0	2				8	1	9	7	
0	8	7		9	6				
17			9	2	7		8	1	6
18							8		
16	6	1	8			9			
35	9		6	3	2	7	4		
13	4	3	7			5			9
16				6					7

SANDWICH SUDOKU

PUZZLE 7 - EASY

	16	20	23	23	9	0	4	2	0
32	1			2	6	4	7		3
8			9		5				
5	3		2	7		9		1	
5	2	1	5	9			8		
7	4	3	6						2
35		8			2	6	4	3	1
4				6			1	4	9
4	8		1						
4								2	7

SANDWICH SUDOKU

PUZZLE 8 - EASY

	25	25	0	35	25	0	0	17	24
0				9			8	7	4
0				7	8	5			2
0	3			6		2	1	9	
5	8	4			2				1
10	7	5	1						
13	2	3			5		7		6
7	5		7			4		1	8
0	1					8			7
20	4	8						5	9

SANDWICH SUDOKU

PUZZLE 9 - EASY

	10	4	7	26	0	7	8	26	13
35	9								1
18	8		1		2	7	4		
8			4	9	8		3	5	
35	1	8	3			4	7	6	
16		2	9		6			8	5
0		7		8	1		2	3	
11			8					4	
0			5	6		2		1	
2		9				8			

SANDWICH SUDOKU

PUZZLE 10 - EASY

	0	0	0	5	28	22	23	10	4
9	7				1			4	
27	3	1		4	7	8	6		
0	8			2		9		3	7
0				1	4		8		
24	4	7	1			6	3		
12				9					4
16		2			9			7	1
25			7	6		3		8	
22			5	7		1			3

SANDWICH SUDOKU

PUZZLE 11 - EASY

	13	23	14	12	11	23	13	0	31
17		4	6						1
0		1	9				4	8	
6							6		
8	4	3			9				8
10	9	8	2	1	4		7	6	5
17	6	5	1					4	3
12	7			8		2			6
35	1				4		2		
0		2	8	6				7	

SANDWICH SUDOKU

PUZZLE 12 - EASY

	13	14	4	10	17	20	0	22	11
22	9		8	3			1	7	
6	7	4					9		5
14	6			2	7		3		
33			7	5					
28							4	8	1
0		6	4				5		7
0		9	1		8	7			4
14			2			1	8		9
14	4			9	2		7	1	

SANDWICH SUDOKU

PUZZLE 13 – EASY

	35	0	32	0	0	5	0	29	13
27		5	3		4			1	8
11		6				9	4	5	
10		7	8		1		3		
0	3	2	4		9		7	8	6
21			7		8	2			
21	8	1						4	
21	5	3			2	4			
19		4		1	6		5		
8	1			7		3			

SANDWICH SUDOKU

PUZZLE 14 - EASY

	35	22	19	0	0	19	24	14	13
8	1	8		7		2	4		
0					4				
6			4		6	1	5	8	
7			7				3		
0		5	3		7		8		1
3				3	9			7	5
0		7				9	6		8
2				6	3	7			9
0	9			8	4	7	5	3	

SANDWICH SUDOKU

PUZZLE 15 - EASY

	0	2	14	0	8	21	14	3	3
23				1	6		5	8	9
0	4	8	1	9		5		7	
35				8	7			4	1
22			7	6	3				
0		5		4					
24	6		9						
10			8				7	3	4
0				3	4	8	1	9	
16	3	9			5		8	2	

SANDWICH SUDOKU

PUZZLE 16 - MEDIUM

	27	14	14	26	0	9	16	28	10
0				7	3				
7				9			7		
13				4			5		3
3			4			3			
9				8		4			
0									6
6		2	8						
11			6					2	
7				2			3		

SANDWICH SUDOKU

PUZZLE 17 - MEDIUM

	9	0	15	0	8	0	0	13	10
28			6	8					
33			5				8		
0			3		9				
3				2				1	6
12				7		3			
3	9								
7				1				3	
10		5		9		6		8	
2							6		5

SANDWICH SUDOKU

PUZZLE 18 - MEDIUM

	24	12	13	14	12	4	2	19	25
7		2						3	
0			6			4			
8								9	
9			2				9		
0	6			4				8	
8				2					7
0				5					
7			9			6			2
0				9		2		7	

SANDWICH SUDOKU

PUZZLE 19 - MEDIUM

	21	0	0	0	0	5	27	0	28
24		1	3						
27			5	3			7	6	1
5	2		6						
11							4		6
8					4				
18	6								
9				4					
18	3	2					6		
19			4						

63

SANDWICH SUDOKU

PUZZLE 20 - MEDIUM

	6	23	8	13	27	8	13	8	7
0				2		1			
0			4			5		9	
0			5				2		
6									
0	4		9		7			3	
20		5		3			9		
17		7				8		5	
0				4					
17						7			

SANDWICH SUDOKU

PUZZLE 21 - MEDIUM

	14	20	12	4	9	7	0	6	0
16	2				8			9	
0	5								
12				9				1	
24	1					6	9		
0			5						
8		7	9		1			2	
0								3	
12									9
14			7			8			

SANDWICH SUDOKU

PUZZLE 22 - MEDIUM

	29	16	14	18	21	15	5	15	17
13	1								
13	6				5				
0	7					4			6
14		6	7				5		
20			2	6	4		1		
12				7					
19	9	7							
0	2								
3				9					5

SANDWICH SUDOKU

PUZZLE 23 - MEDIUM

	0	0	0	0	7	4	18	0	17
14							6		
32									
7		4	6			2		1	7
20				3					
19				7		8	9		6
2				9					
8									
11	5						8	7	4
5			4			7		5	

SANDWICH SUDOKU

PUZZLE 24 - MEDIUM

	0	0	0	0	15	7	0	5	7
17	4			1		2	7	9	
0	3							5	
18					6		4		2
35									
9			2					6	
6		7	6						
24	5							2	
24		9					1		
0	6			2	9				

SANDWICH SUDOKU

PUZZLE 25 – MEDIUM

	15	0	0	15	14	7	18	20	17
0			6	5	2	1			
30		9						6	
16	4								
15									
0				2					
0									4
24							4	7	
12	9			7				5	8
13	8				6			1	

SANDWICH SUDOKU

PUZZLE 26 - MEDIUM

	0	0	0	16	13	9	14	18	35
0		5		4	6			1	
7		6	1						
0								5	
6			4		9		1		
18									
24				8			3		6
9				9		5			
13		4			1				
4		8	5	6					

SANDWICH SUDOKU

PUZZLE 27 – MEDIUM

	0	10	9	4	0	5	17	5	13
8			8		9			1	
14		4			1	6			
25				5			9		8
17									
0					2				
23					5		8	7	
0	3							4	6
0	2	1							
7			6						9

71

SANDWICH SUDOKU

PUZZLE 28 - MEDIUM

	35	0	18	0	0	7	29	14	7
27				7				1	
8		4		2					3
7			2			3			
0	5	9		4				3	
0	7				5			9	
2									7
20							3		
13						2	1		
24									

SANDWICH SUDOKU

PUZZLE 29 - MEDIUM

	23	14	15	5	5	16	11	0	27
15						2			
0									6
11		8			1		7		
0									
4			6	9		1	3	8	
0	8		9				6	4	
11		3						7	
6					8				
11				7		5			

SANDWICH SUDOKU

PUZZLE 30 - MEDIUM

	0	0	5	0	35	26	18	6	13
4									
4		8			7		9		1
13						9	3	2	
2					8	7	6		
7			9						3
0							7		
22					4		1		
27					3	2			
0	5			7	9				

SANDWICH SUDOKU

PUZZLE 31 - HARD

	16	19	25	17	8	12	7	5	3
0									
6						3			
13	5				6				
20									
0									
31	9								
19				2			5		
0									
33									

SANDWICH SUDOKU

PUZZLE 32 - HARD

	0	8	10	5	0	2	13	2	0
0					8				
0									
6	7			1					
26	4								
4									
9		1							8
19									
35				7					
8						1			

SANDWICH SUDOKU

PUZZLE 33 - HARD

	18	6	11	8	14	24	16	13	13
27									
0									
21		1				7		6	
0	4								
21						2			
0									
0								9	
3									6
2			9						

77

SANDWICH SUDOKU

PUZZLE 34 - HARD

	22	12	7	0	15	28	28	0	18
13									
24									5
5						3			
0									
4									
0	2		1		5				
14				3					
10									7
5		8							

SANDWICH SUDOKU

PUZZLE 35 - HARD

	22	20	7	19	7	0	11	27	4
28									
13	3								
0									
0						4			
0	5								
2									
31									
15									
4				1					8

SANDWICH SUDOKU

PUZZLE 36 - HARD

	2	0	16	4	2	3	0	20	2
0									
22									
12					7				
15									
17								9	
16									
17									
29									
6		4						1	

SANDWICH SUDOKU

PUZZLE 37 - HARD

	23	7	20	9	20	0	6	21	10
0		7							
0									
0	3								
11									8
2			5						
14		1							
16									
0		5					9		
16									

SANDWICH SUDOKU

PUZZLE 38 - HARD

	3	14	0	33	11	10	5	4	8
35		6							1
7									
35				6					
17									
0									
16	6		1						
19					8				
8									
9							3		

SANDWICH SUDOKU

PUZZLE 39 - HARD

	6	0	0	3	5	20	2	0	0
22				8					
15					4				
35									
13									
22									
17		3							5
0						1			
0		5							
16									

SANDWICH SUDOKU

PUZZLE 40 - HARD

	0	14	15	8	24	18	0	6	14
14	7								
7									
0							6	5	
2									8
35		3						2	9
29									
0		9							
5			6			3			
12									

FRAME SUDOKU

PUZZLE 1 - EASY

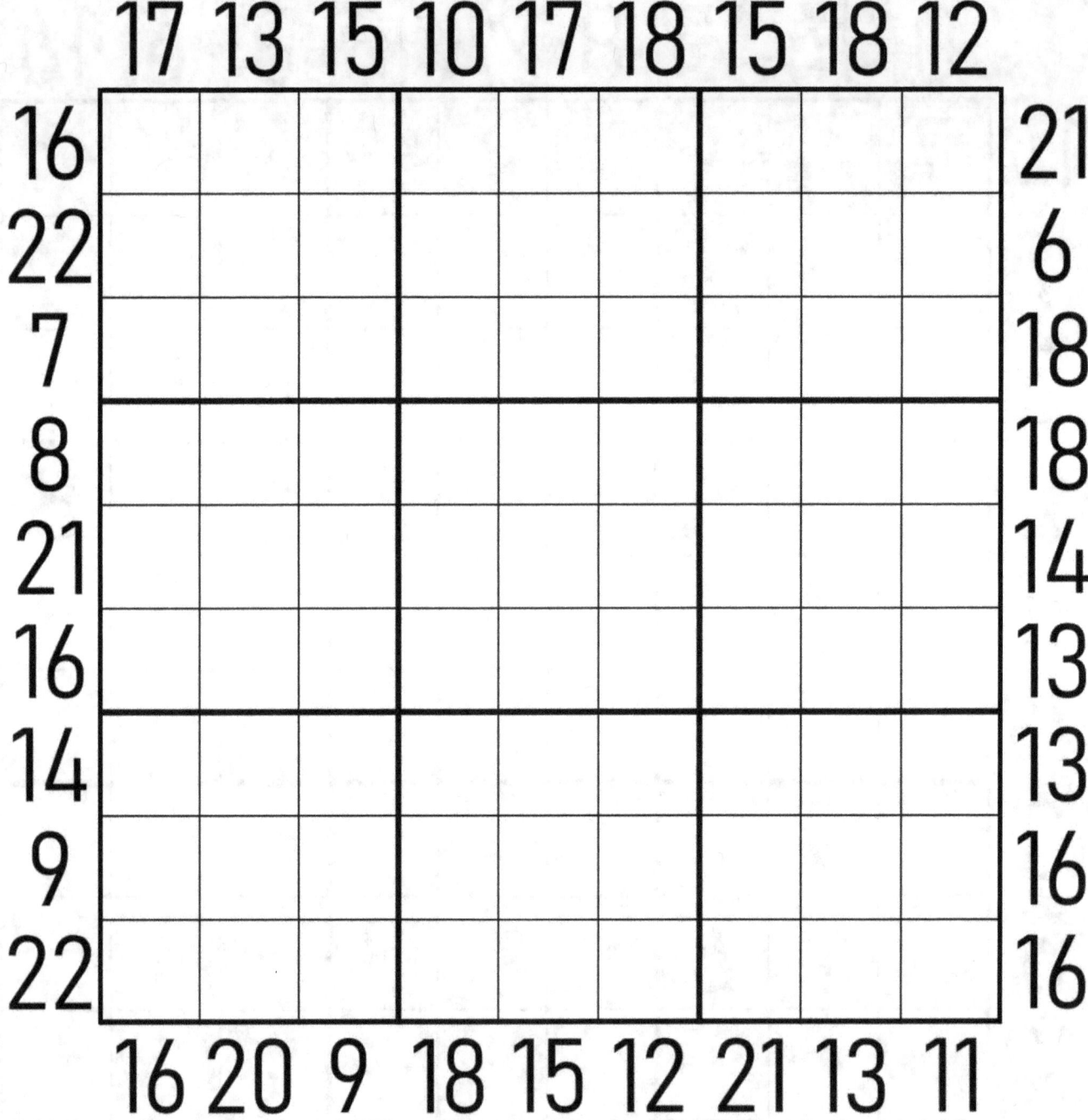

FRAME SUDOKU

PUZZLE 2 - EASY

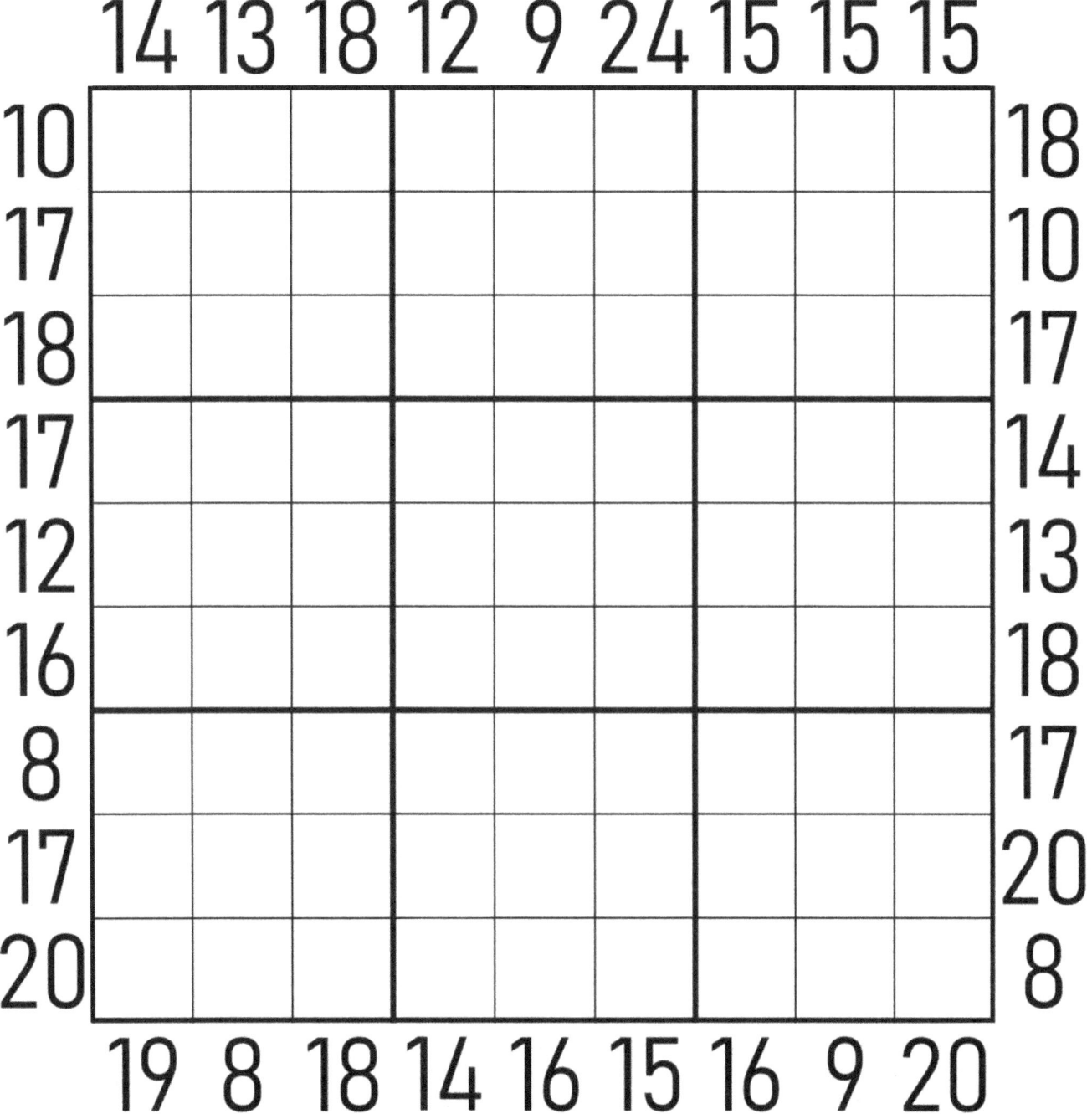

FRAME SUDOKU

PUZZLE 3 – EASY

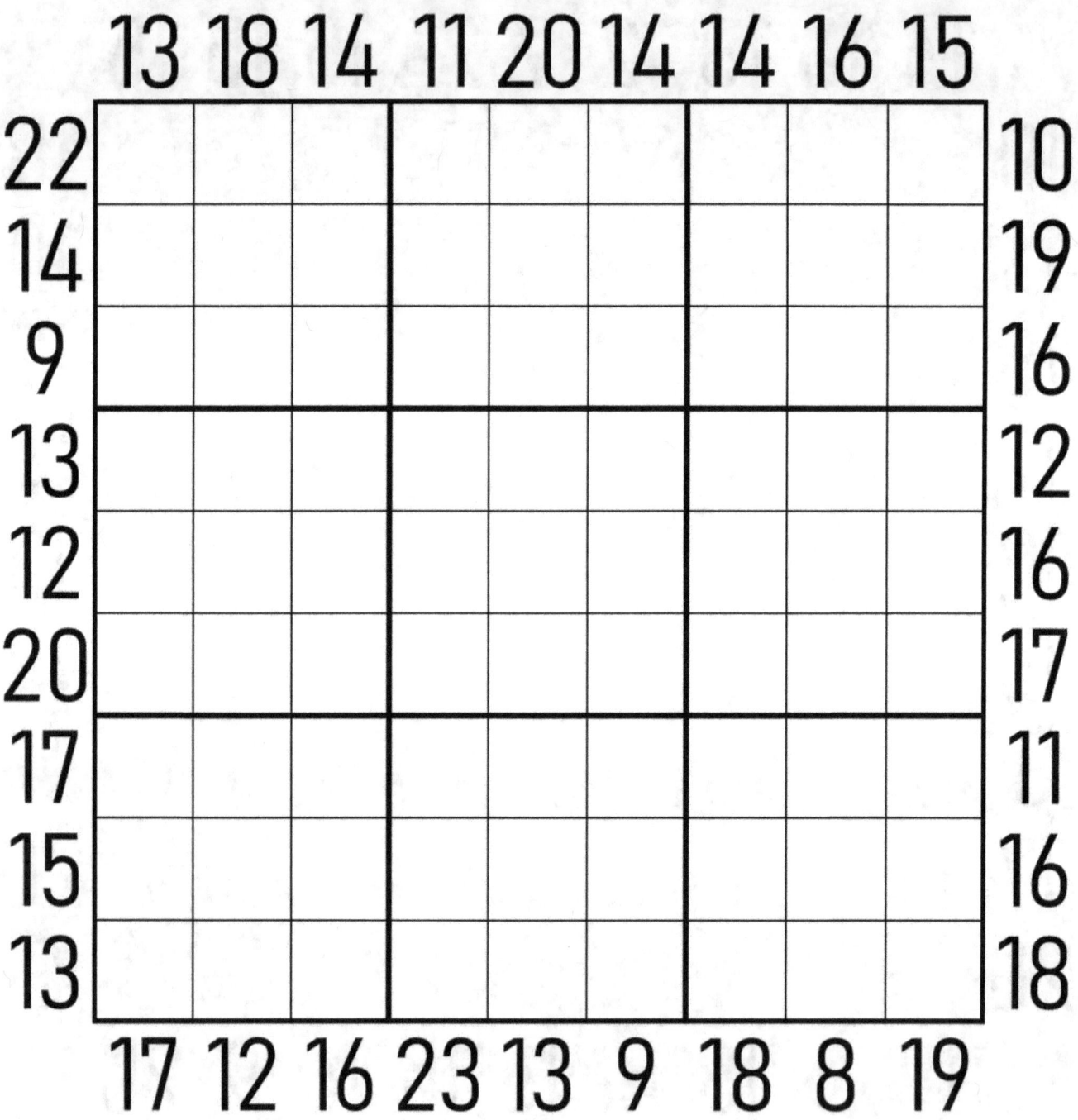

FRAME SUDOKU

PUZZLE 4 - EASY

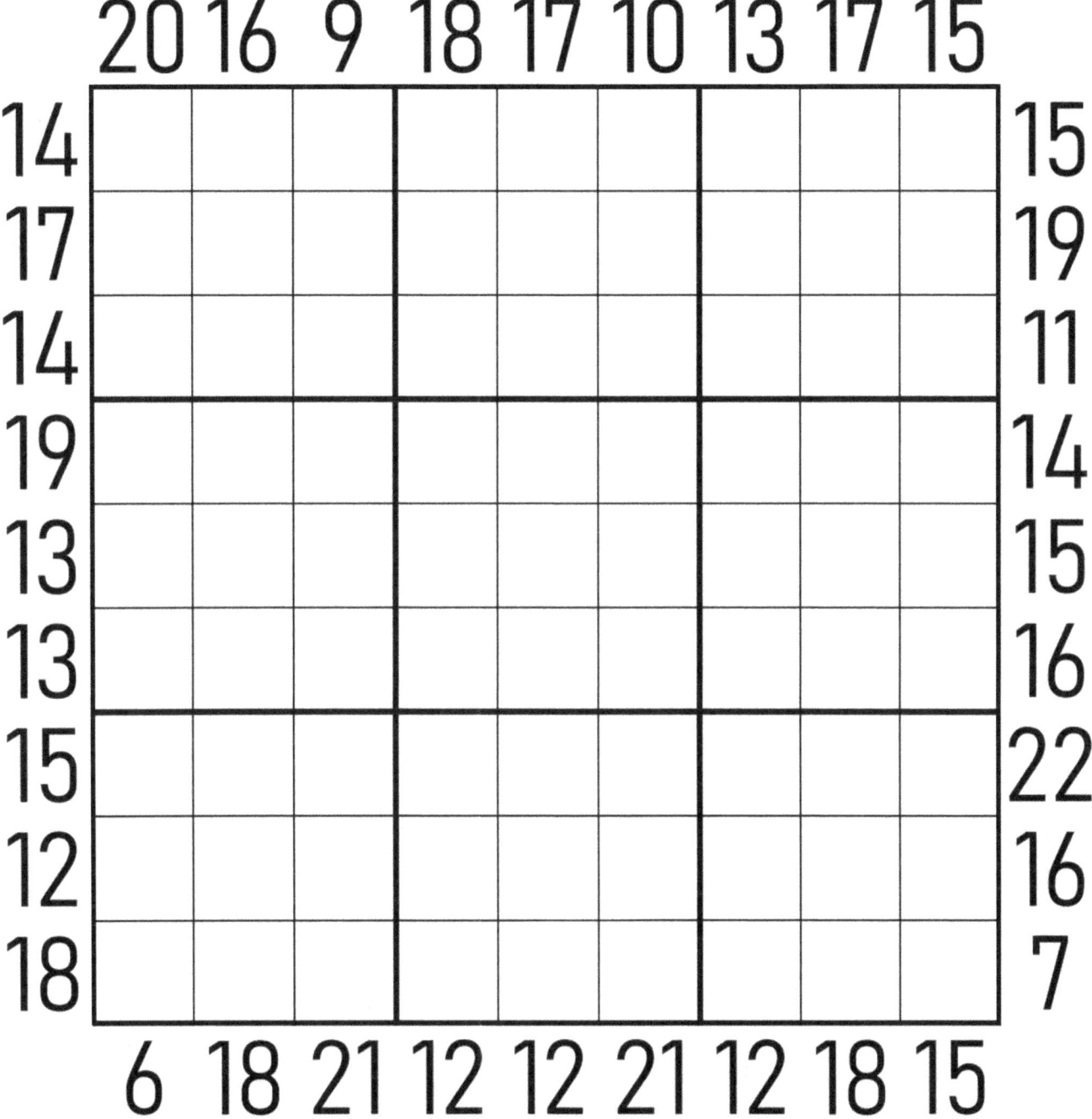

FRAME SUDOKU

PUZZLE 5 - EASY

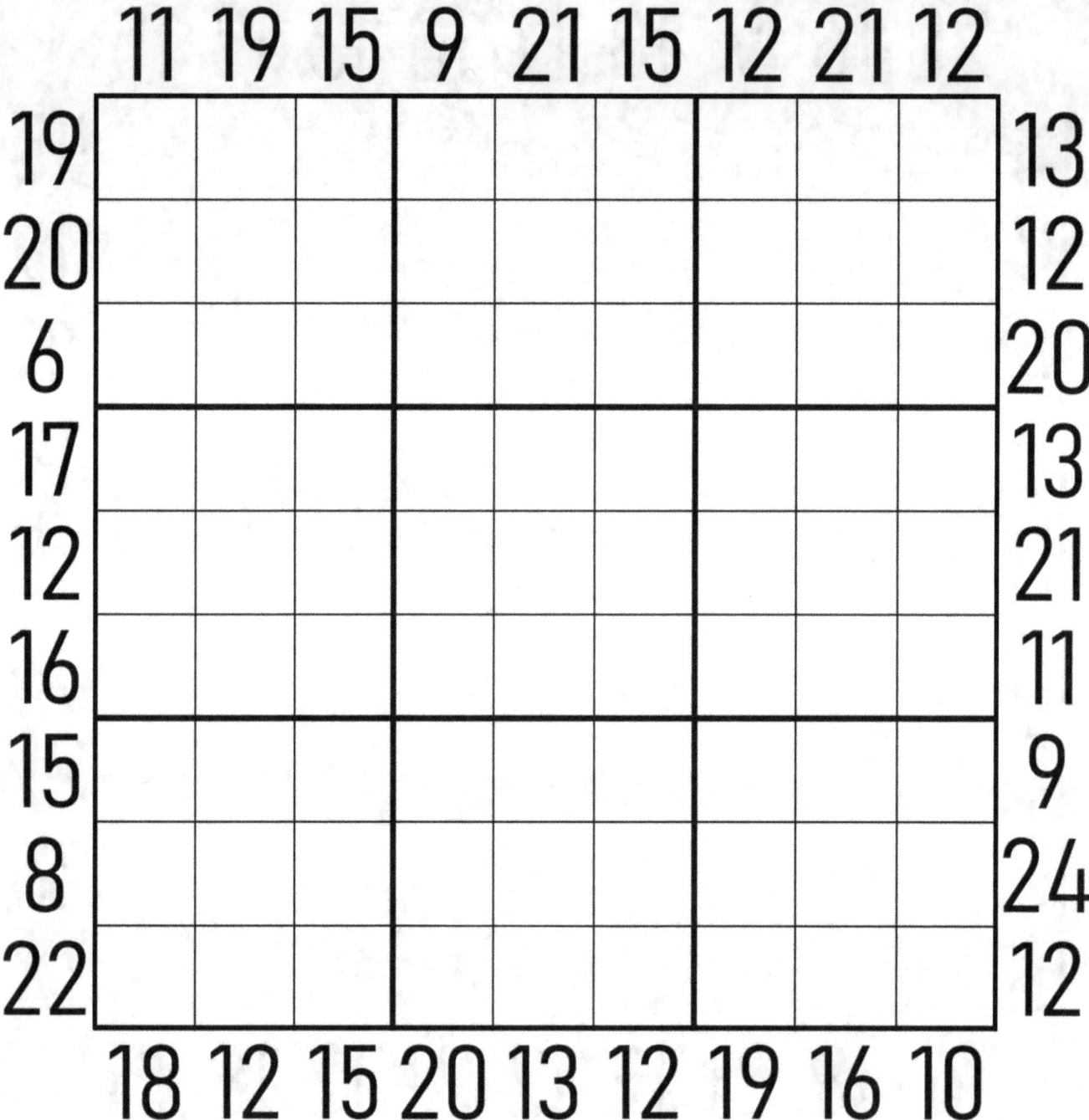

FRAME SUDOKU

PUZZLE 6 - EASY

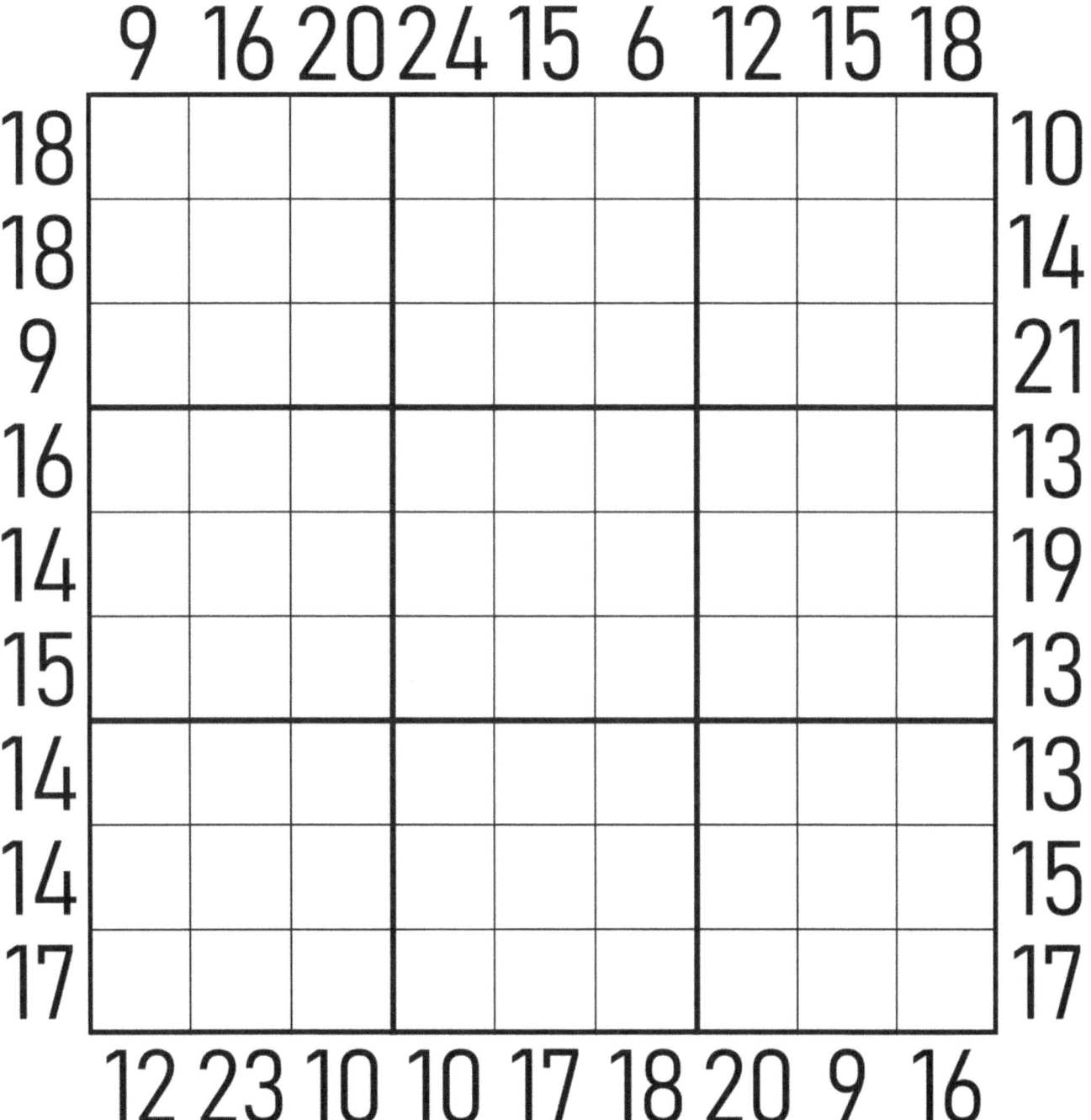

FRAME SUDOKU

PUZZLE 7 - EASY

	21	14	10	7	15	23	13	21	11	
21										9
10										22
14										14
8										18
19										8
18										19
15										12
11										20
19										13
	10	12	23	21	15	9	24	9	12	

FRAME SUDOKU

PUZZLE 8 - EASY

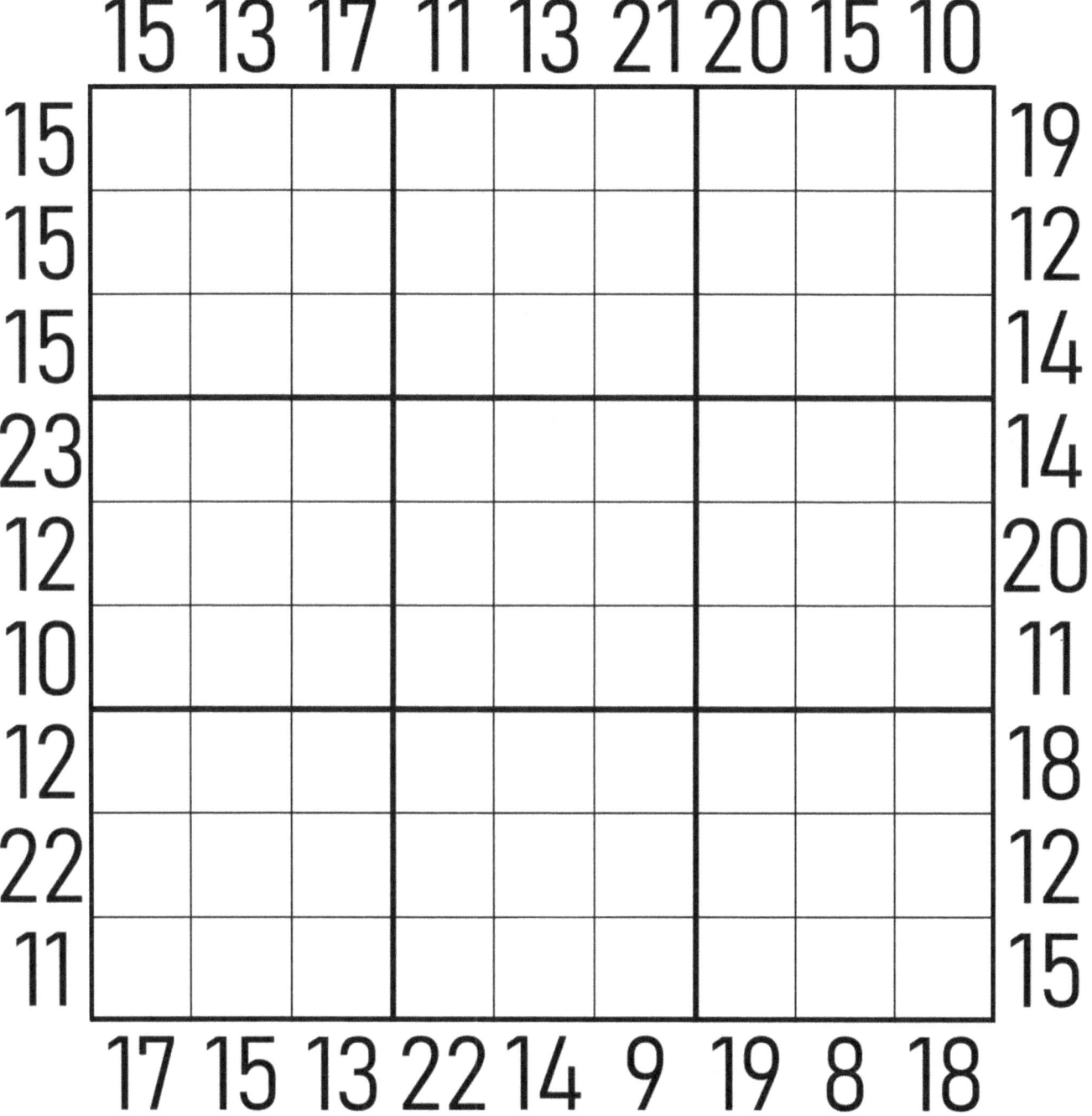

FRAME SUDOKU

PUZZLE 9 - EASY

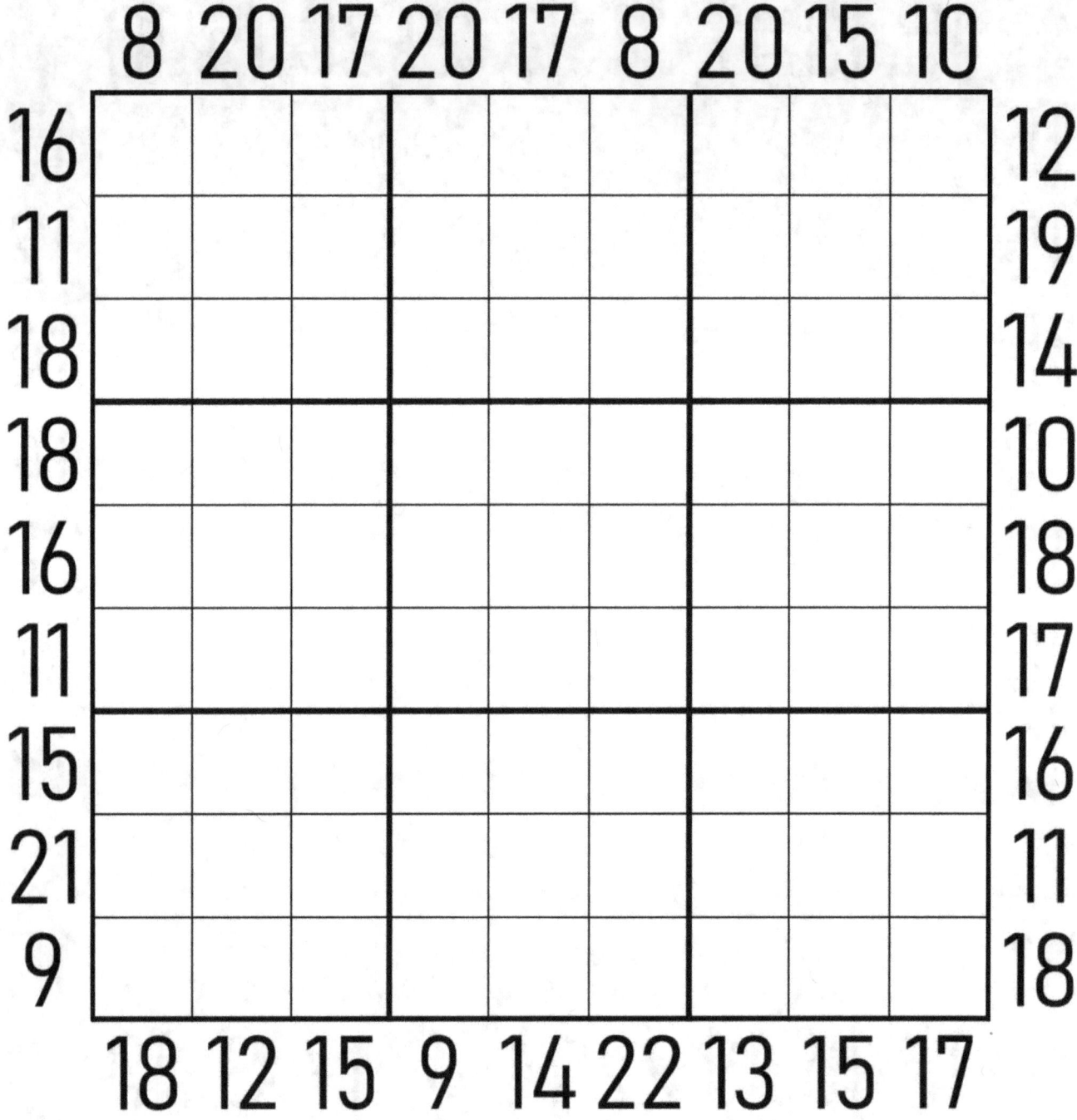

FRAME SUDOKU

PUZZLE 10 - EASY

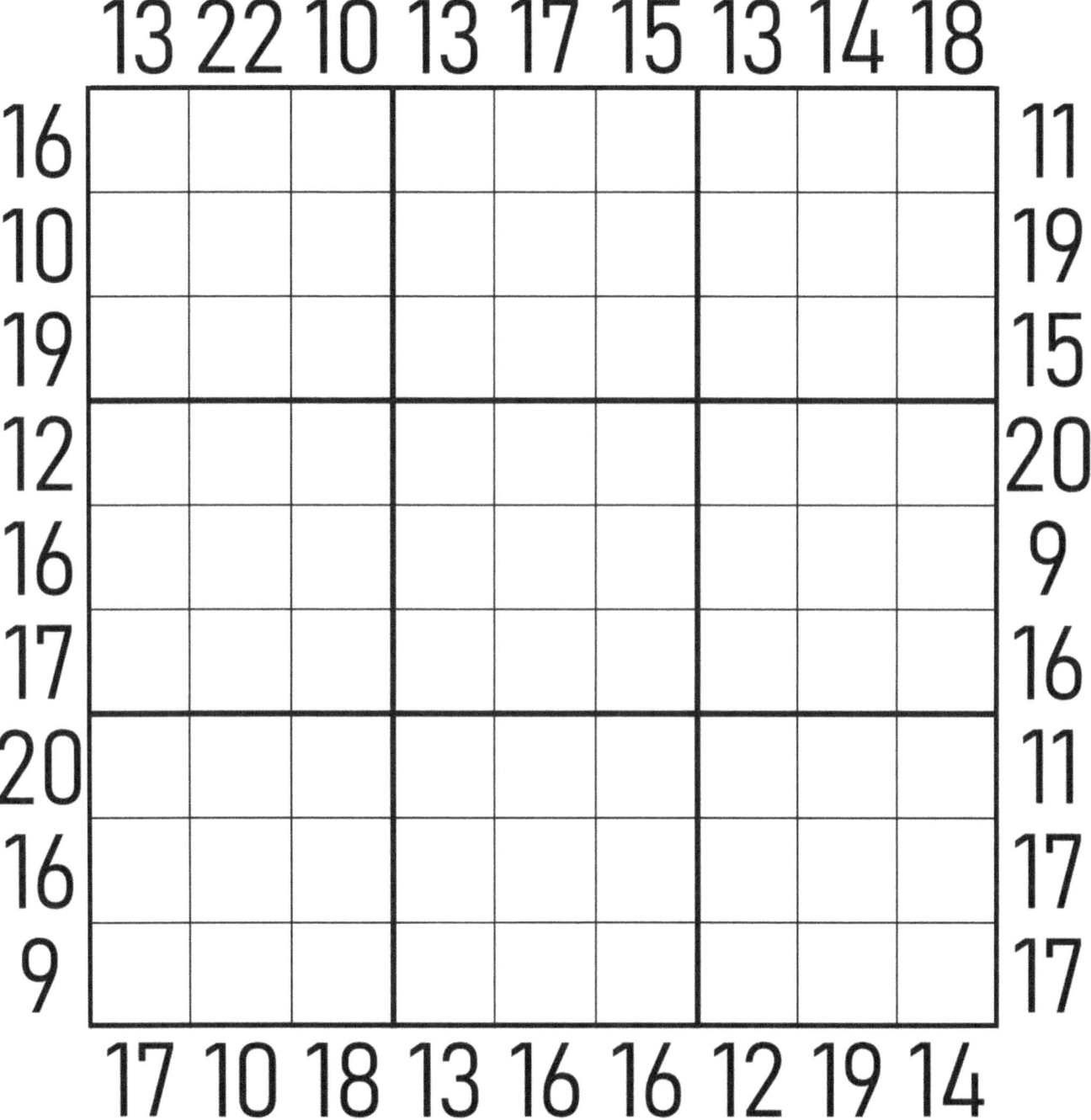

FRAME SUDOKU

PUZZLE 11 - EASY

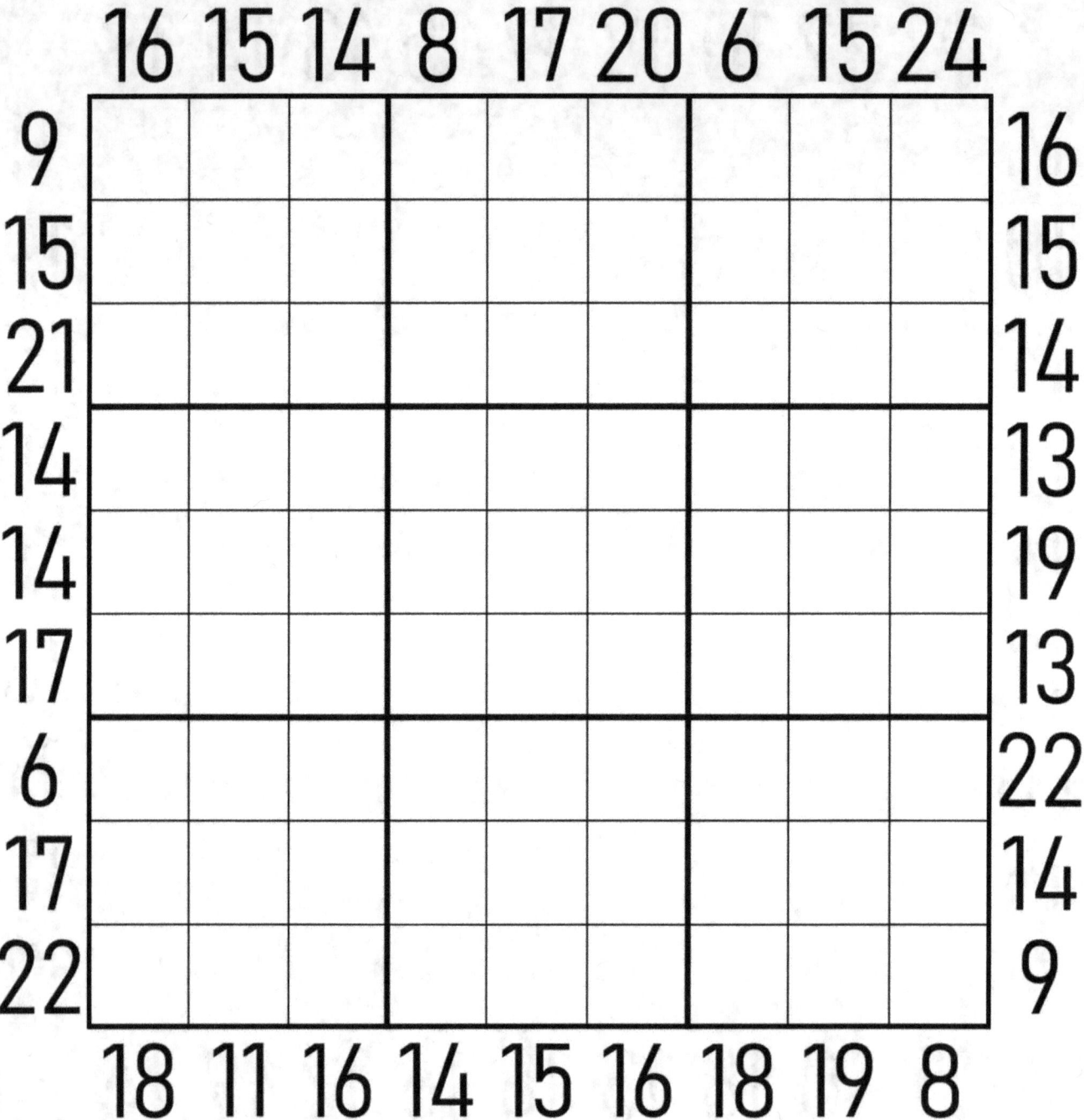

FRAME SUDOKU

PUZZLE 12 - EASY

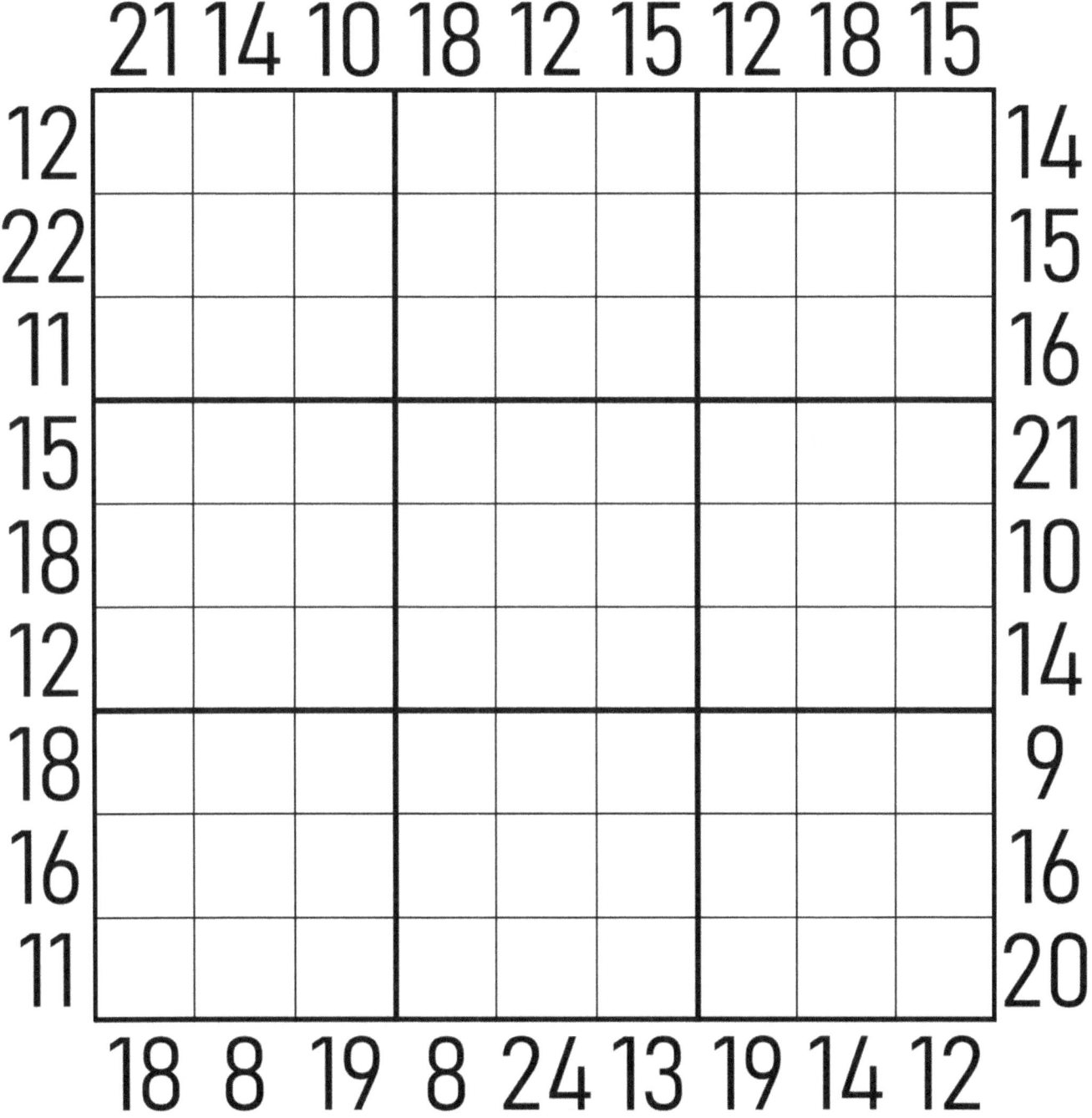

FRAME SUDOKU

PUZZLE 13 - EASY

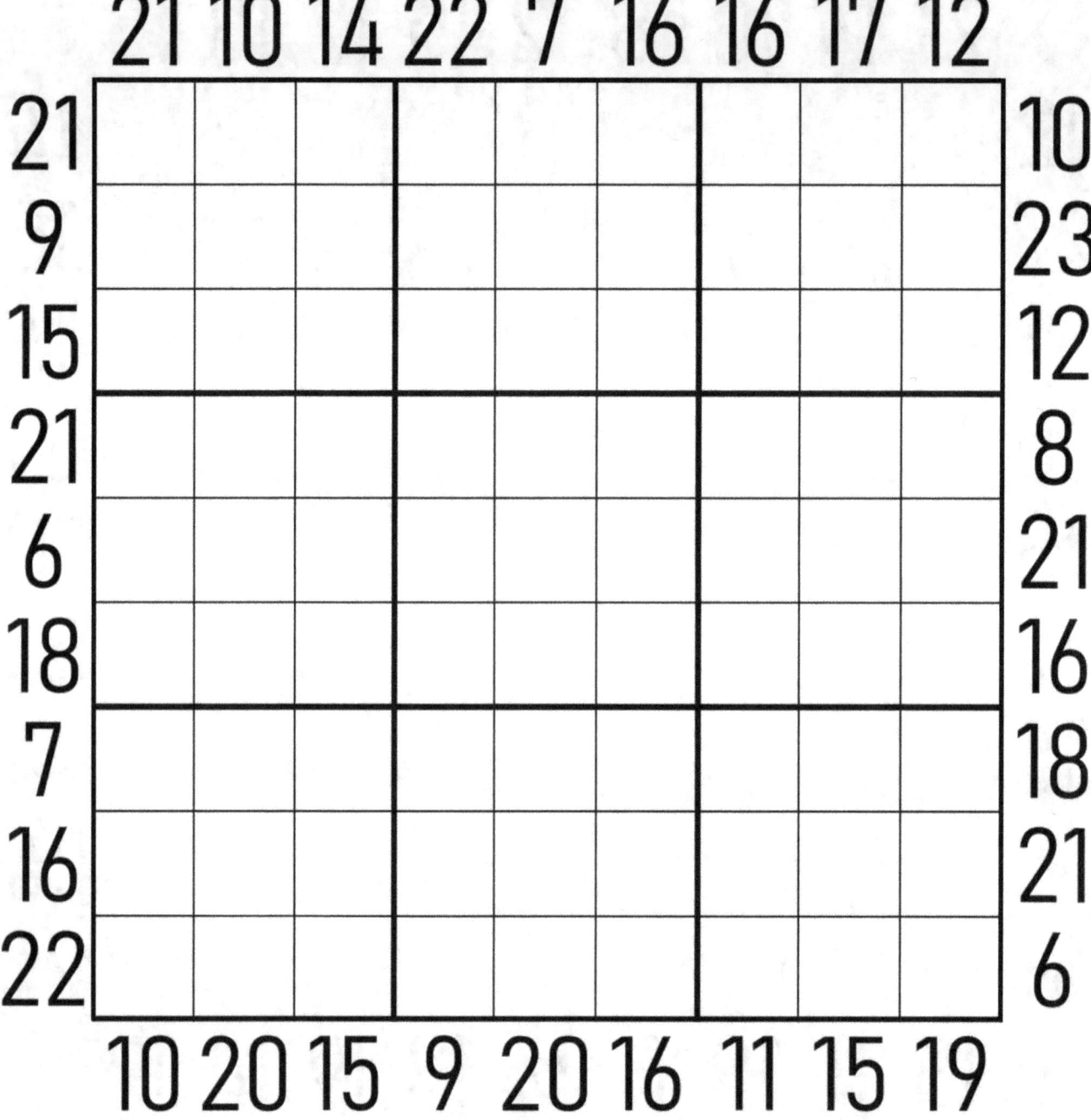

FRAME SUDOKU

PUZZLE 14 - EASY

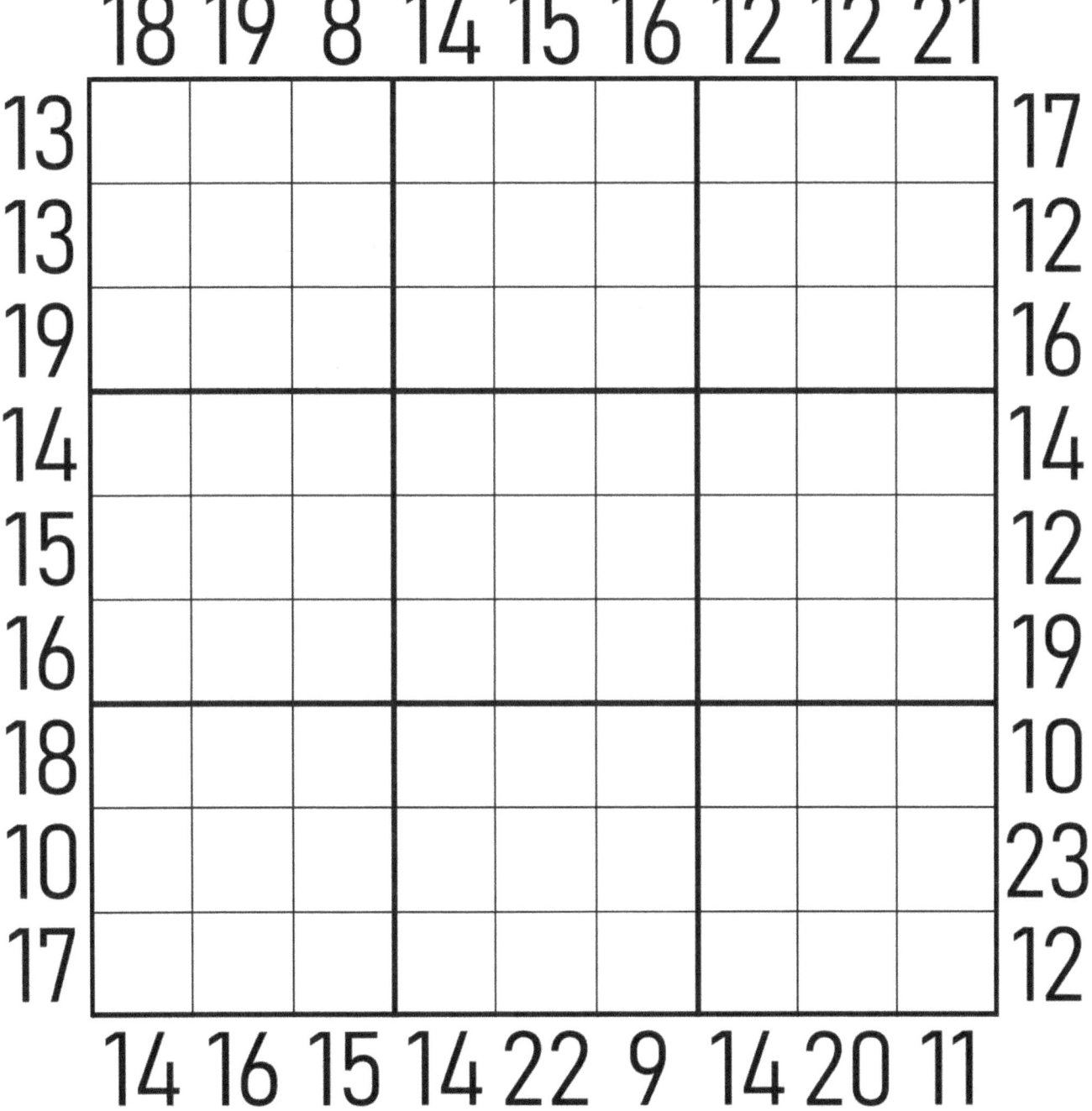

FRAME SUDOKU

PUZZLE 15 – EASY

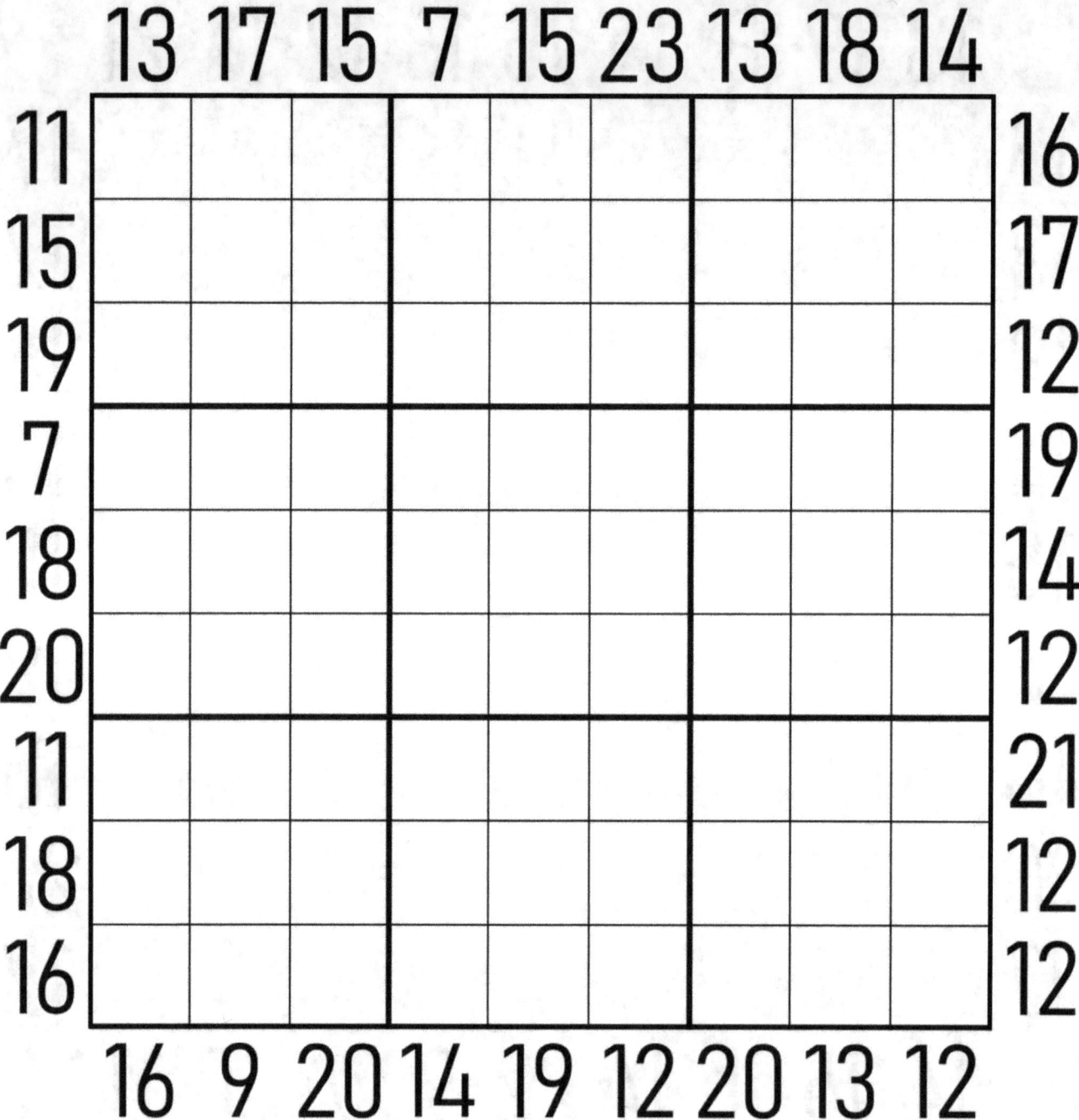

FRAME SUDOKU

PUZZLE 16 - MEDIUM

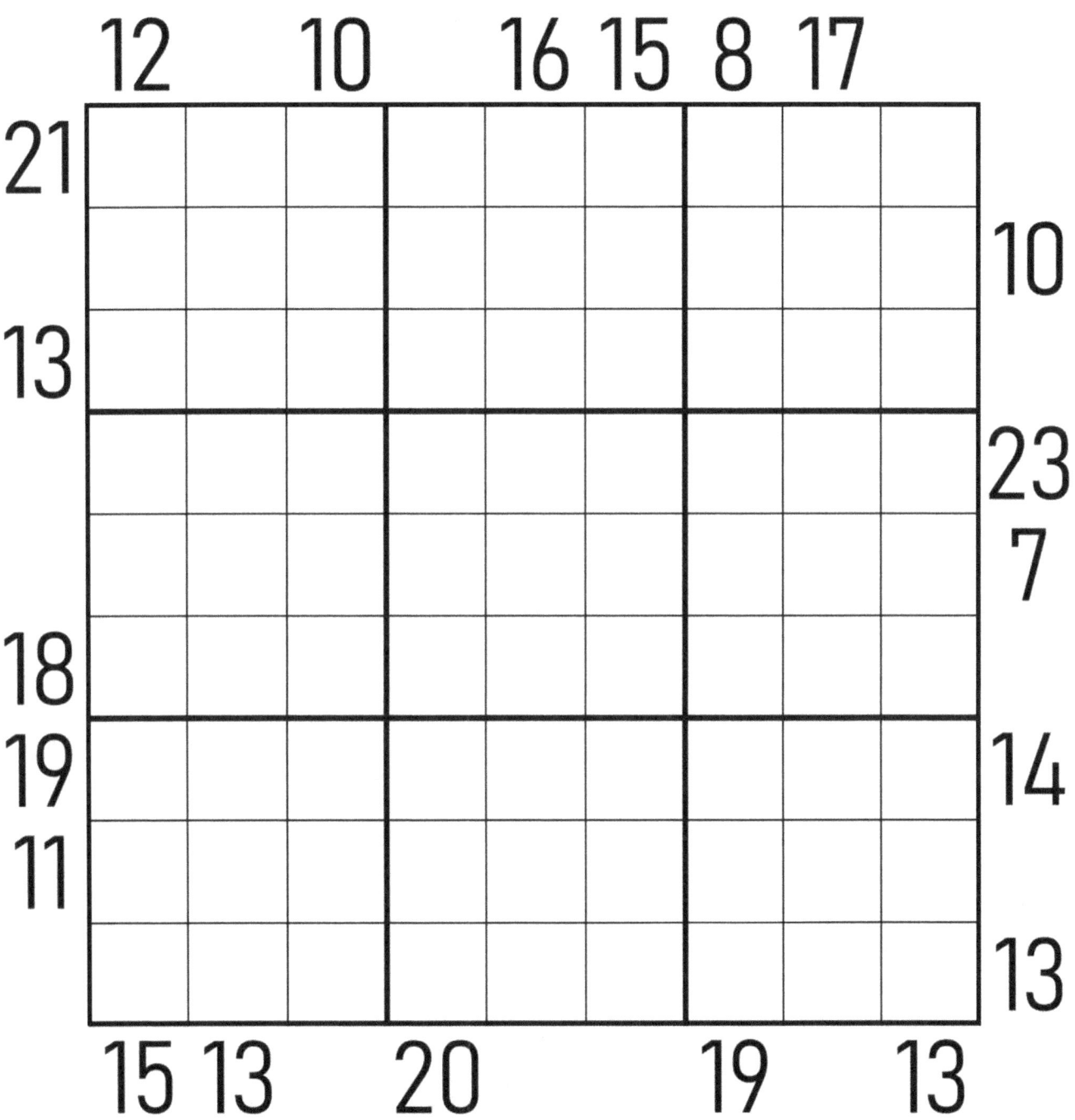

FRAME SUDOKU

PUZZLE 17 - MEDIUM

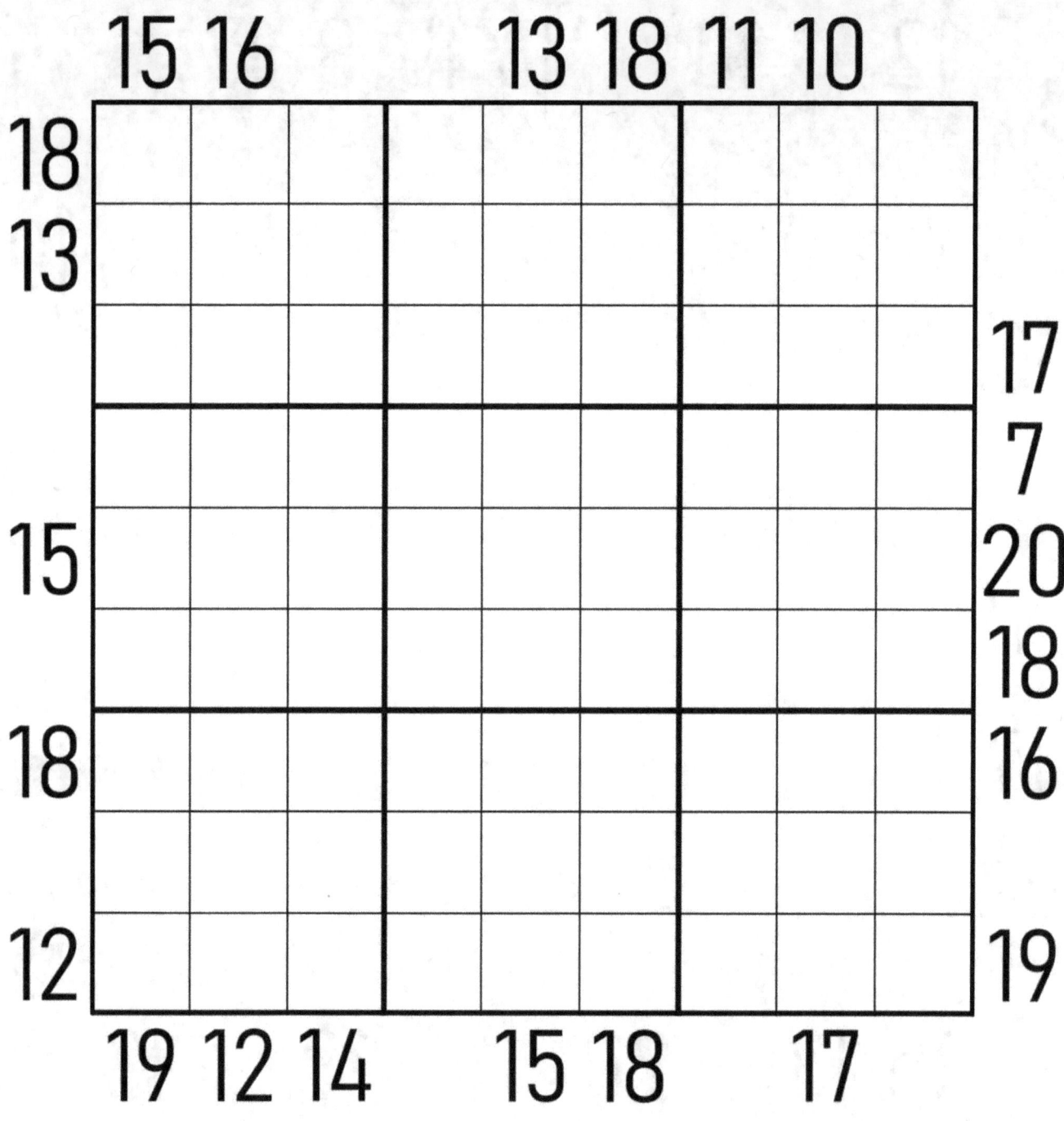

FRAME SUDOKU

PUZZLE 18 - MEDIUM

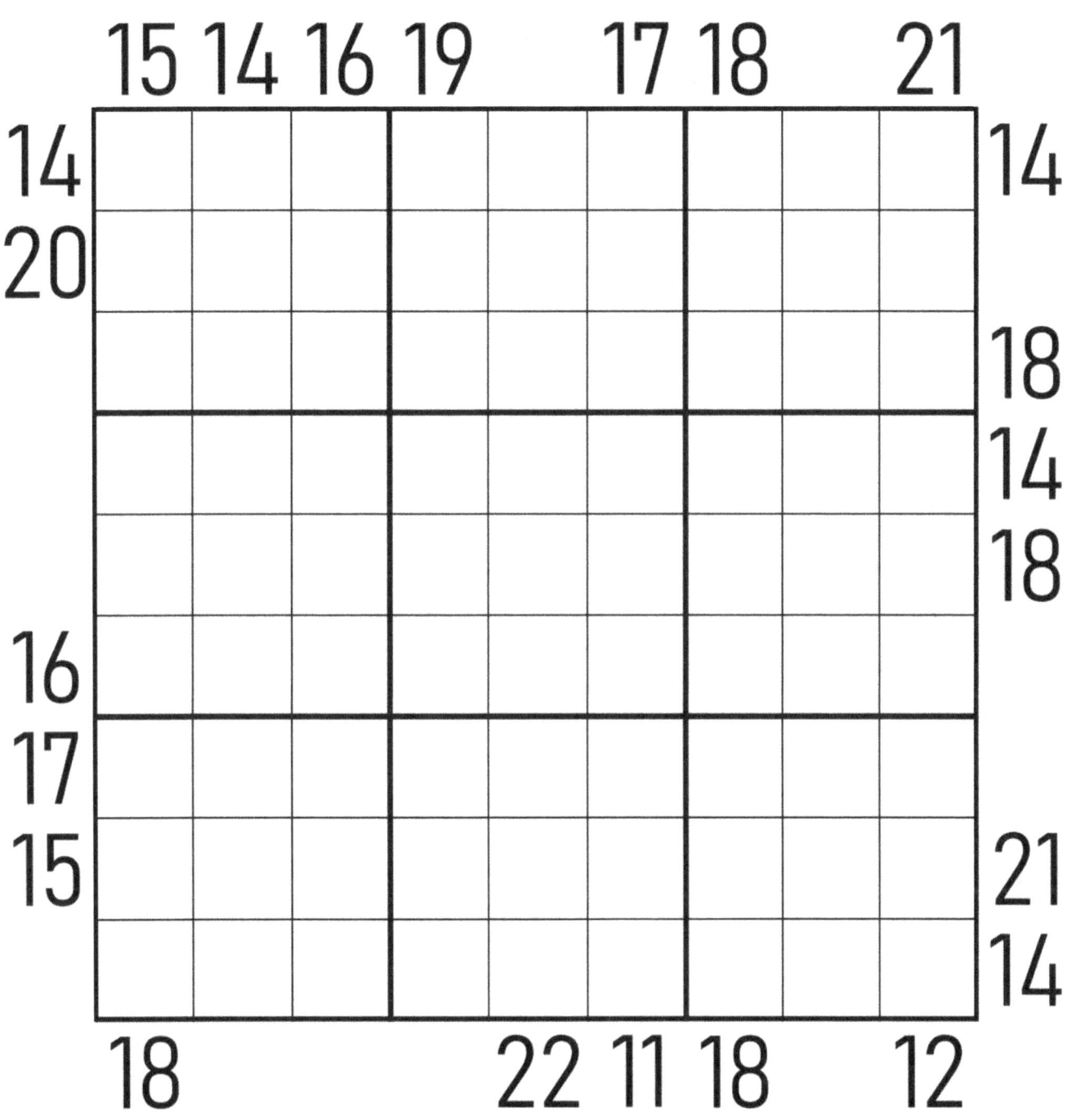

FRAME SUDOKU

PUZZLE 19 - MEDIUM

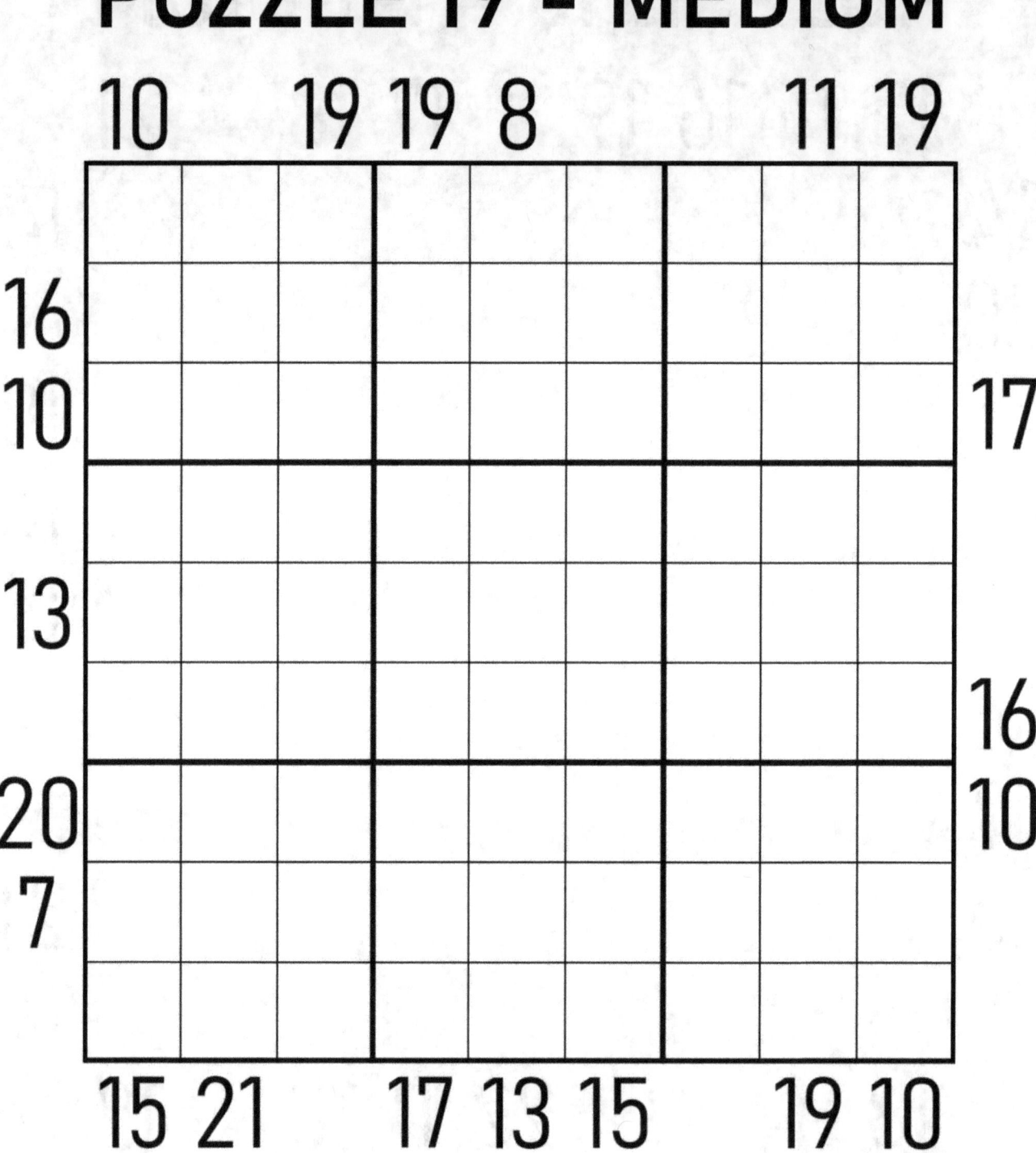

FRAME SUDOKU

PUZZLE 20 - MEDIUM

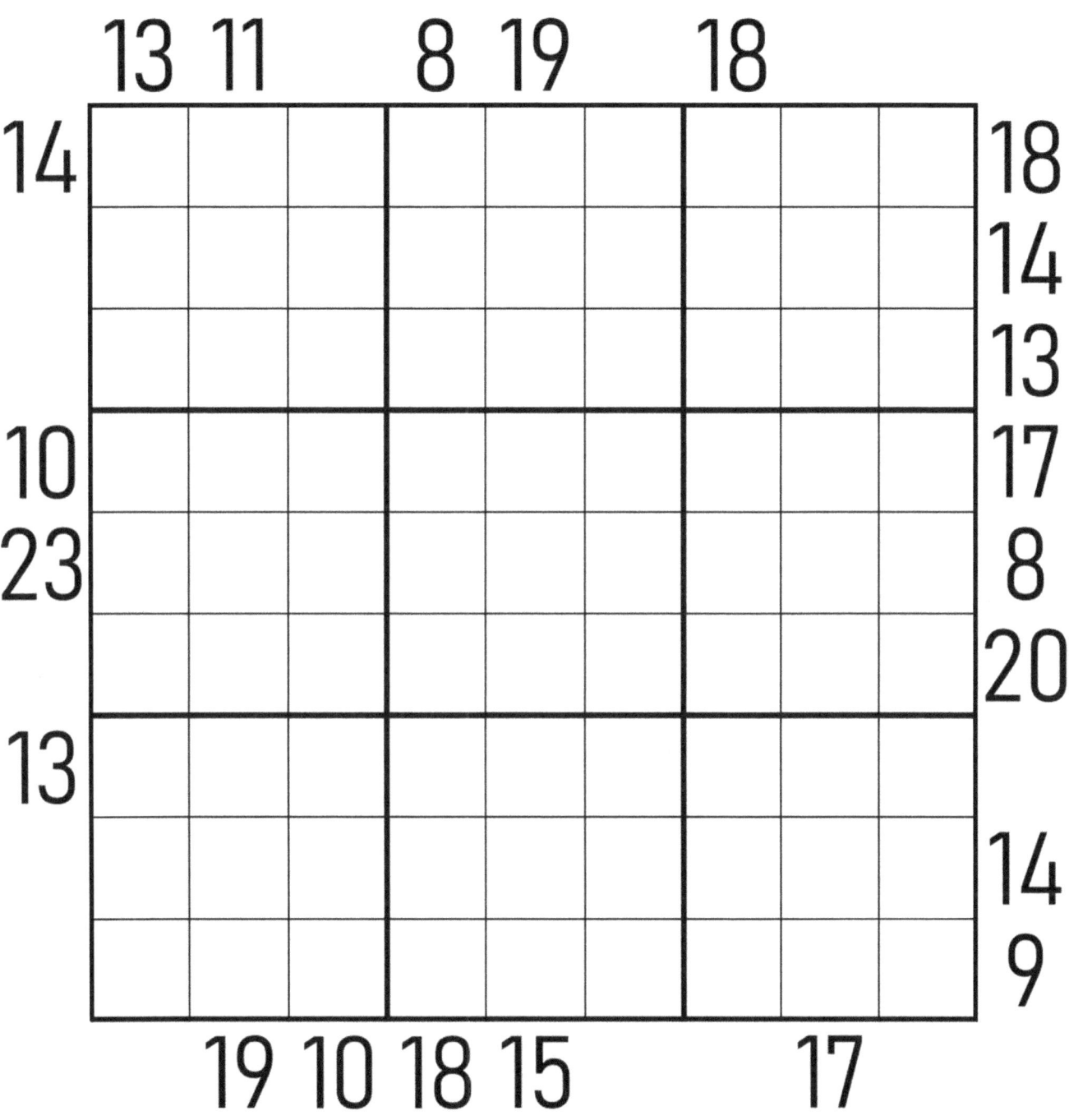

FRAME SUDOKU

PUZZLE 21 – MEDIUM

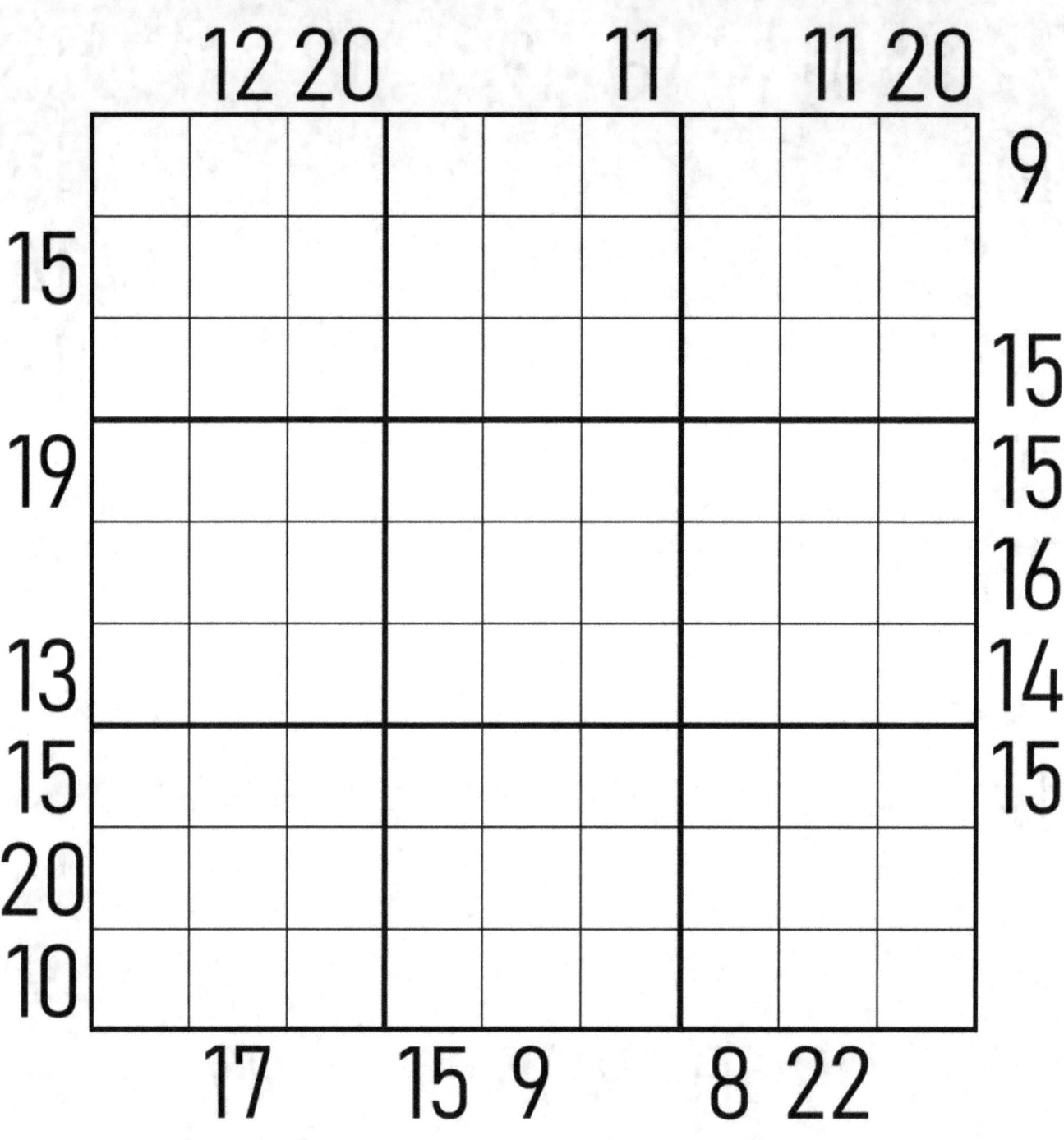

FRAME SUDOKU

PUZZLE 22 - MEDIUM

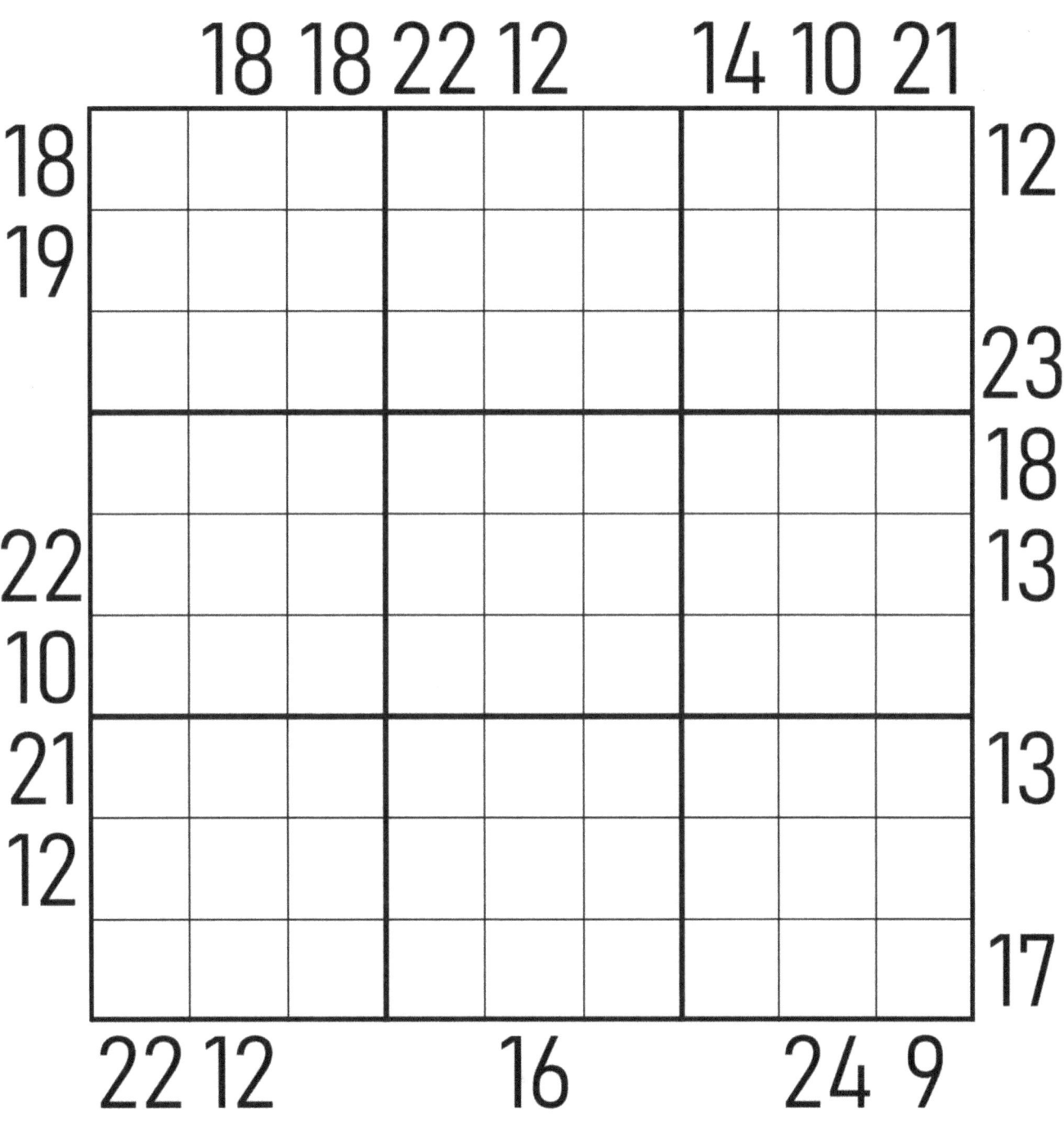

FRAME SUDOKU

PUZZLE 23 - MEDIUM

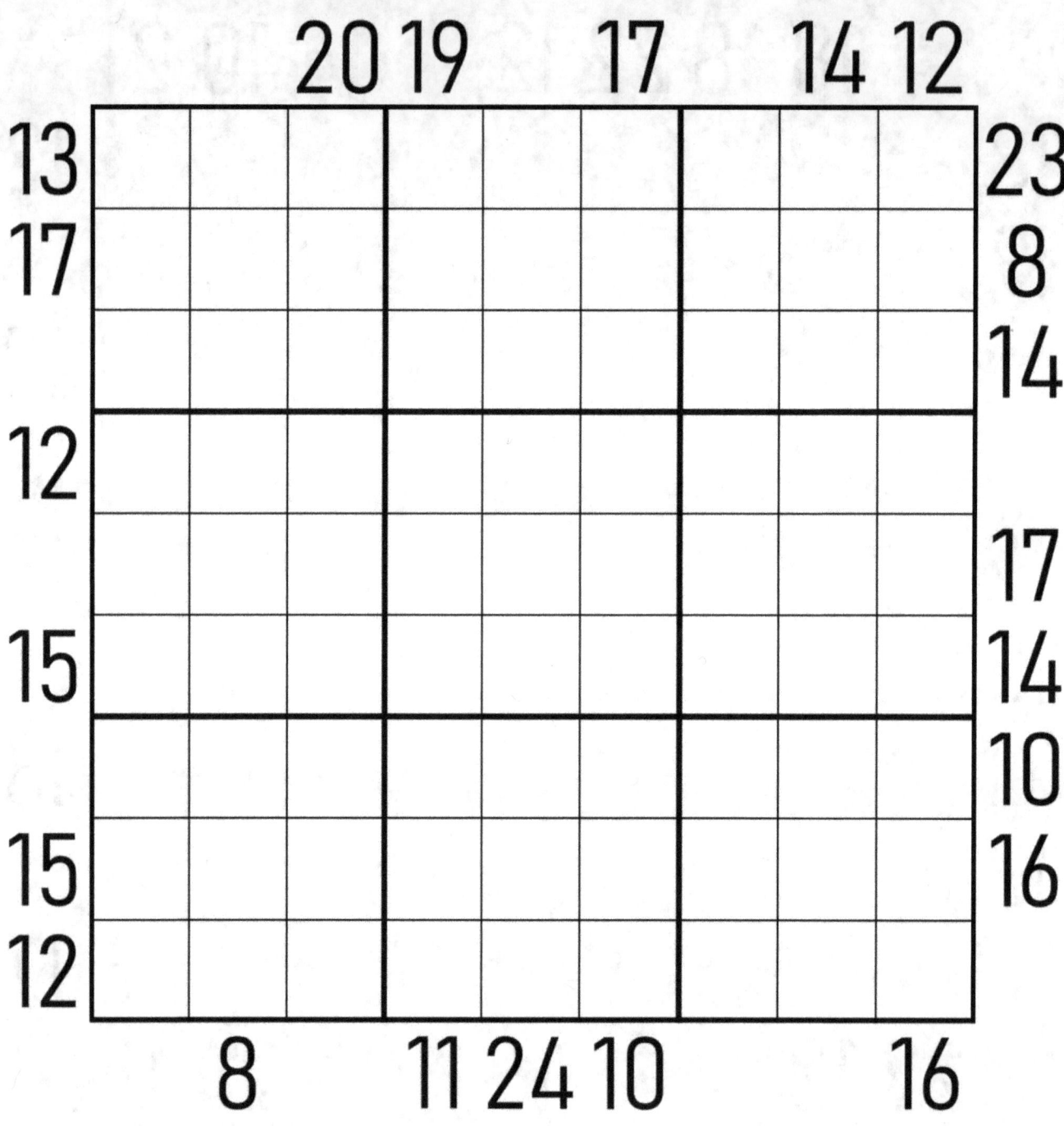

107

FRAME SUDOKU

PUZZLE 24 - MEDIUM

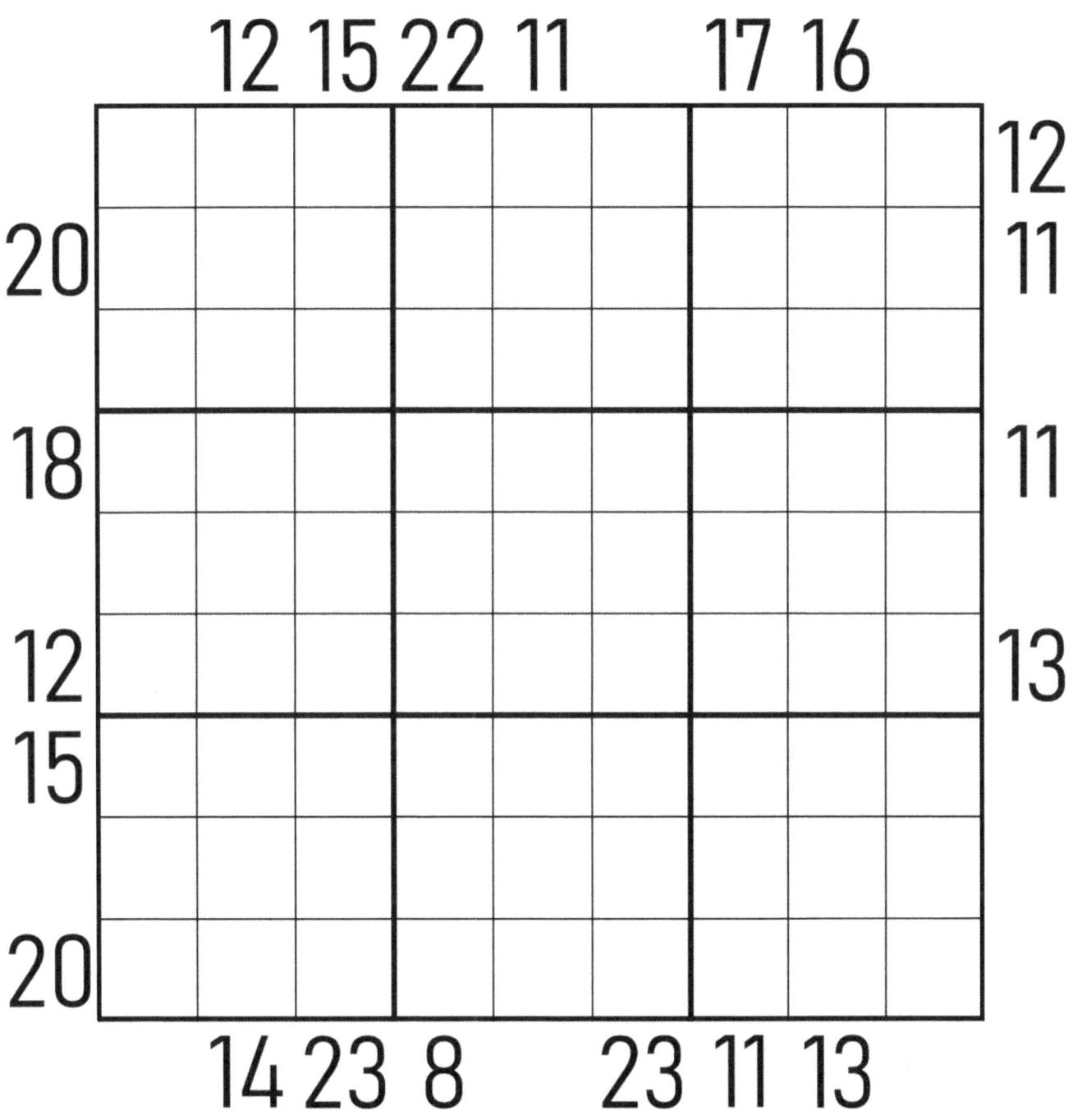

FRAME SUDOKU

PUZZLE 25 - MEDIUM

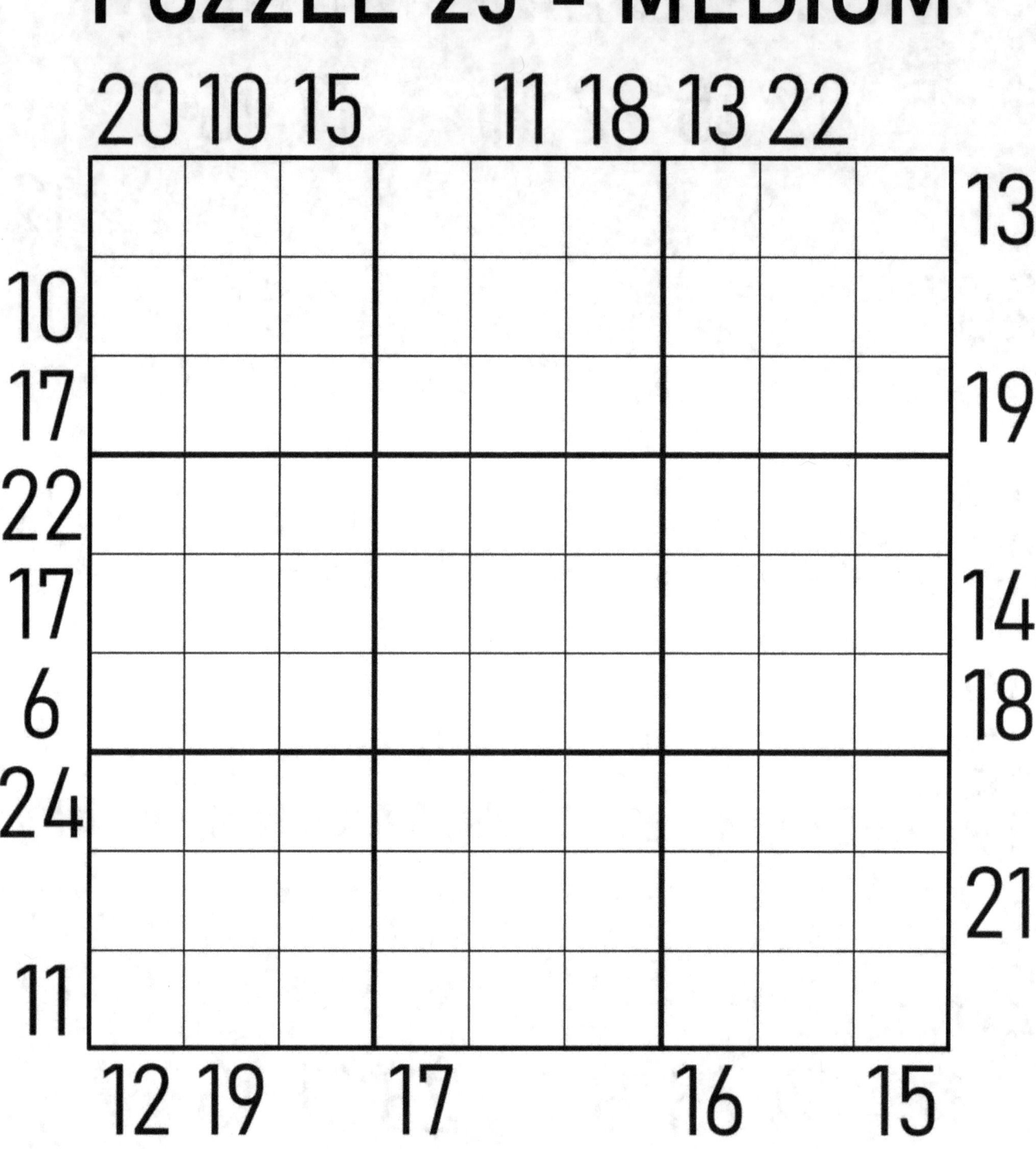

FRAME SUDOKU

PUZZLE 26 - MEDIUM

	18	15		17	17		10	14	21	
9										19
										13
7										
21										
17										7
										12
20										
		17	18		11	15	17			

FRAME SUDOKU

PUZZLE 27 - MEDIUM

	20		10	16		15	14	
								11
10								19
17								
17								
								8
13								
16								
12								15
	8		19	10	16	19	9	

FRAME SUDOKU

PUZZLE 28 - MEDIUM

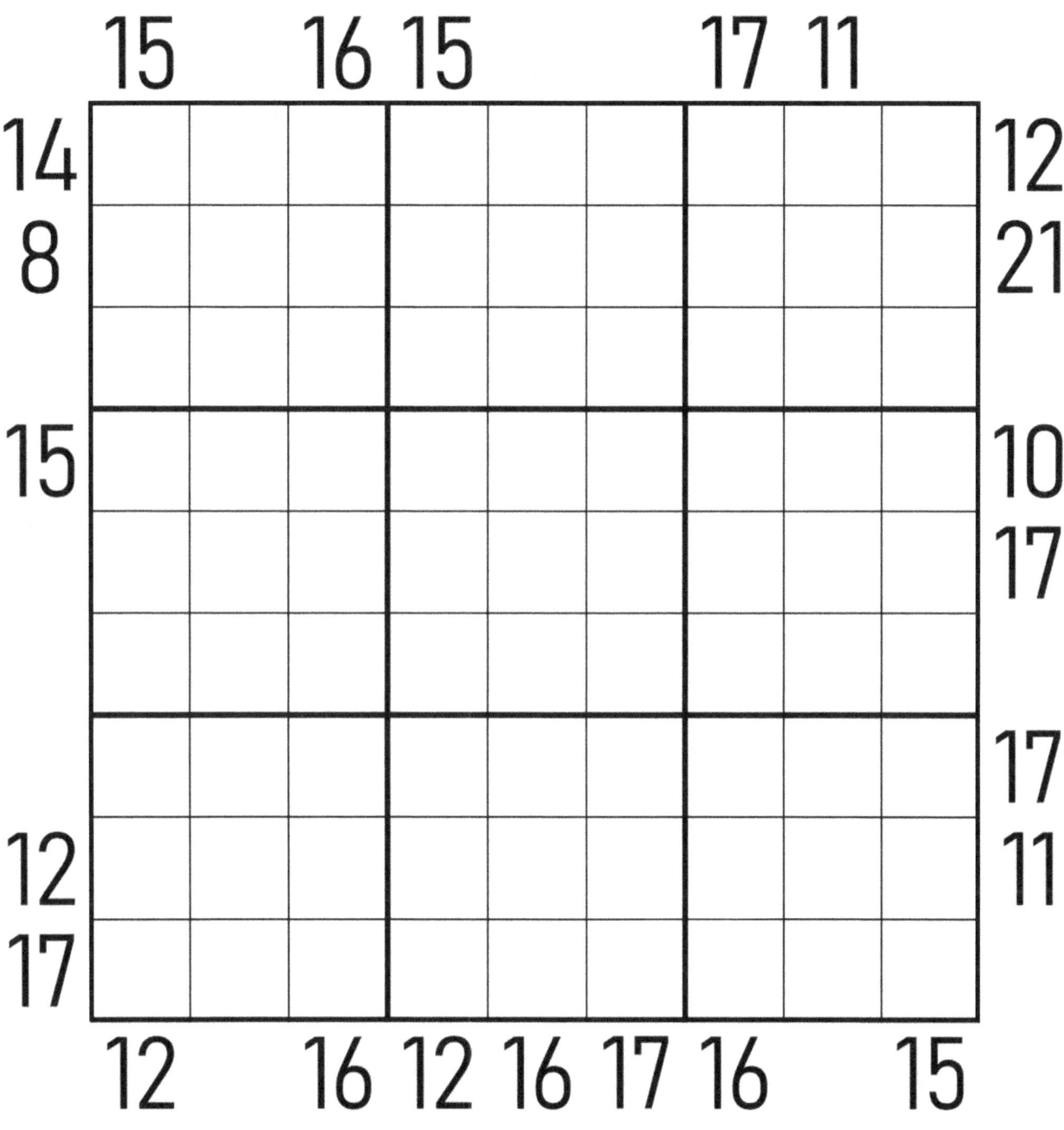

FRAME SUDOKU

PUZZLE 29 – MEDIUM

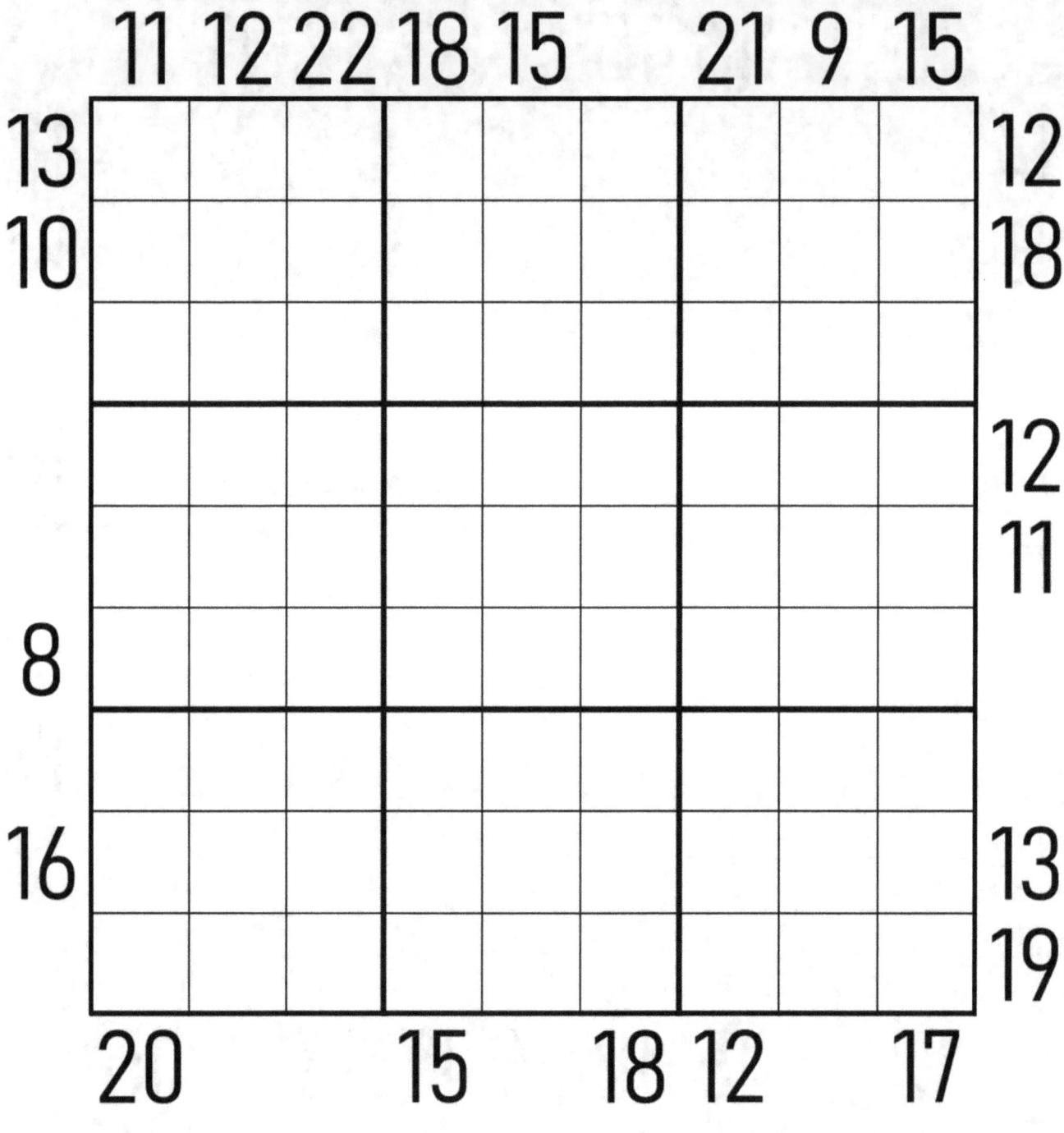

FRAME SUDOKU

PUZZLE 30 - MEDIUM

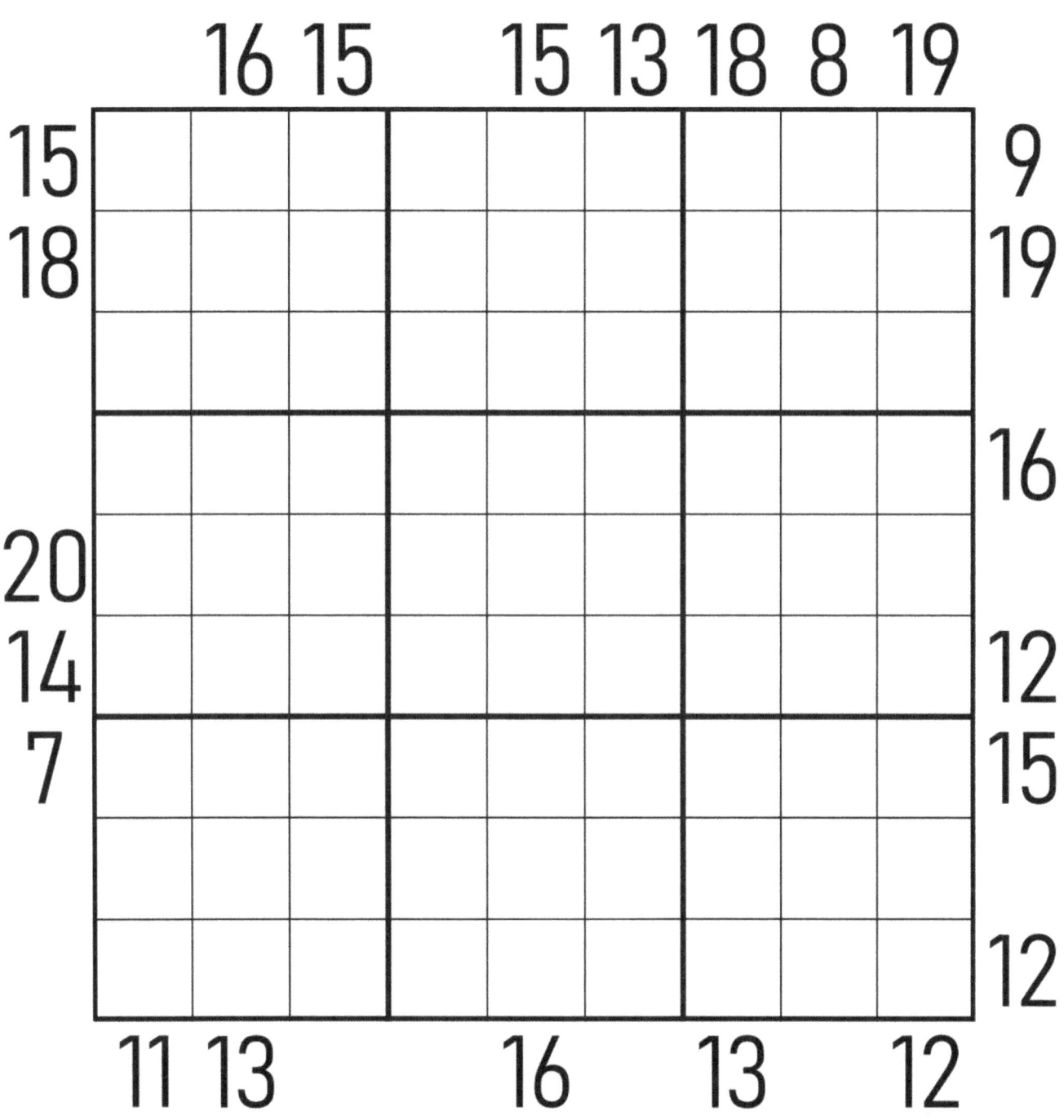

FRAME SUDOKU

PUZZLE 31 - HARD

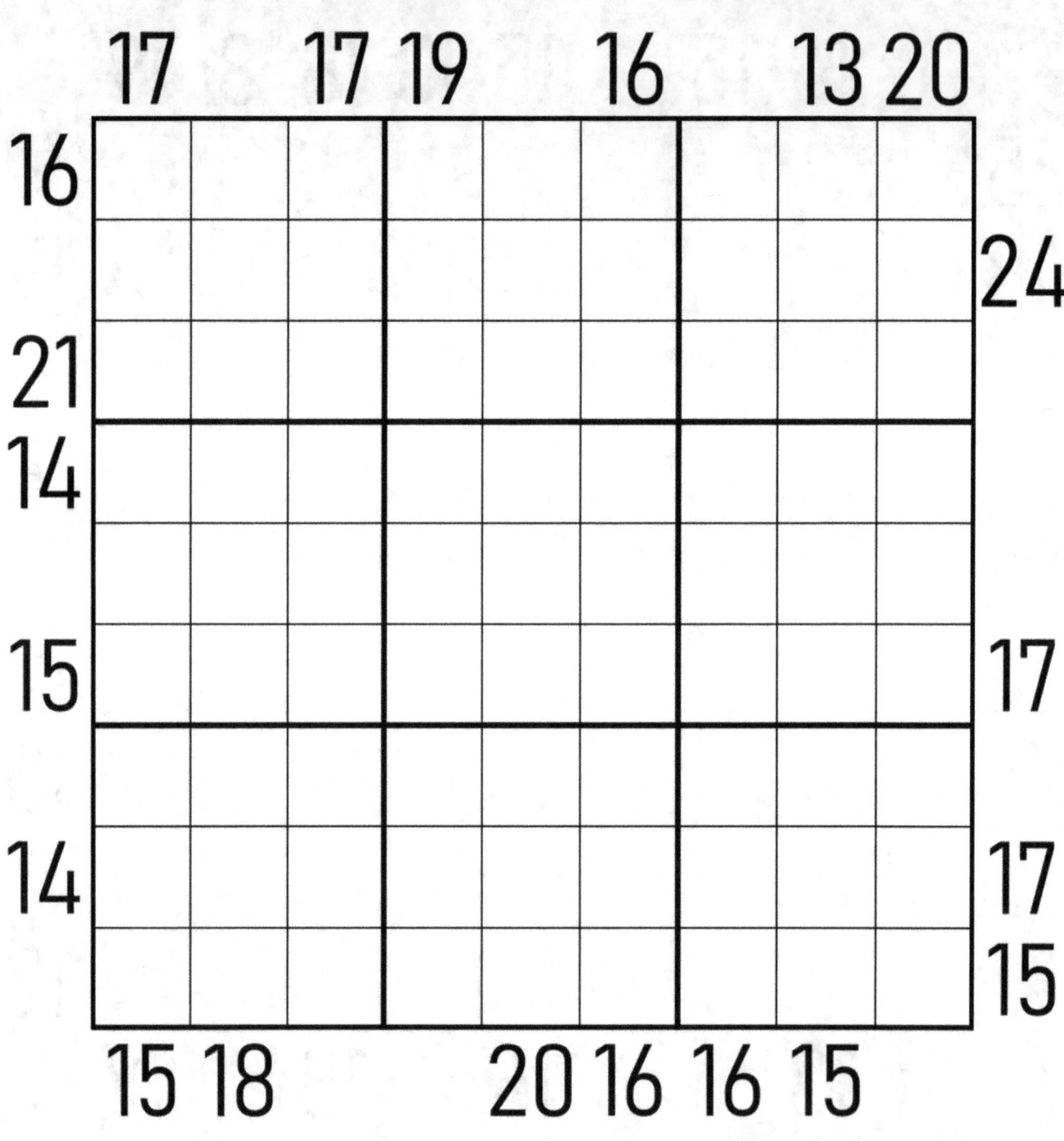

FRAME SUDOKU

PUZZLE 32 - HARD

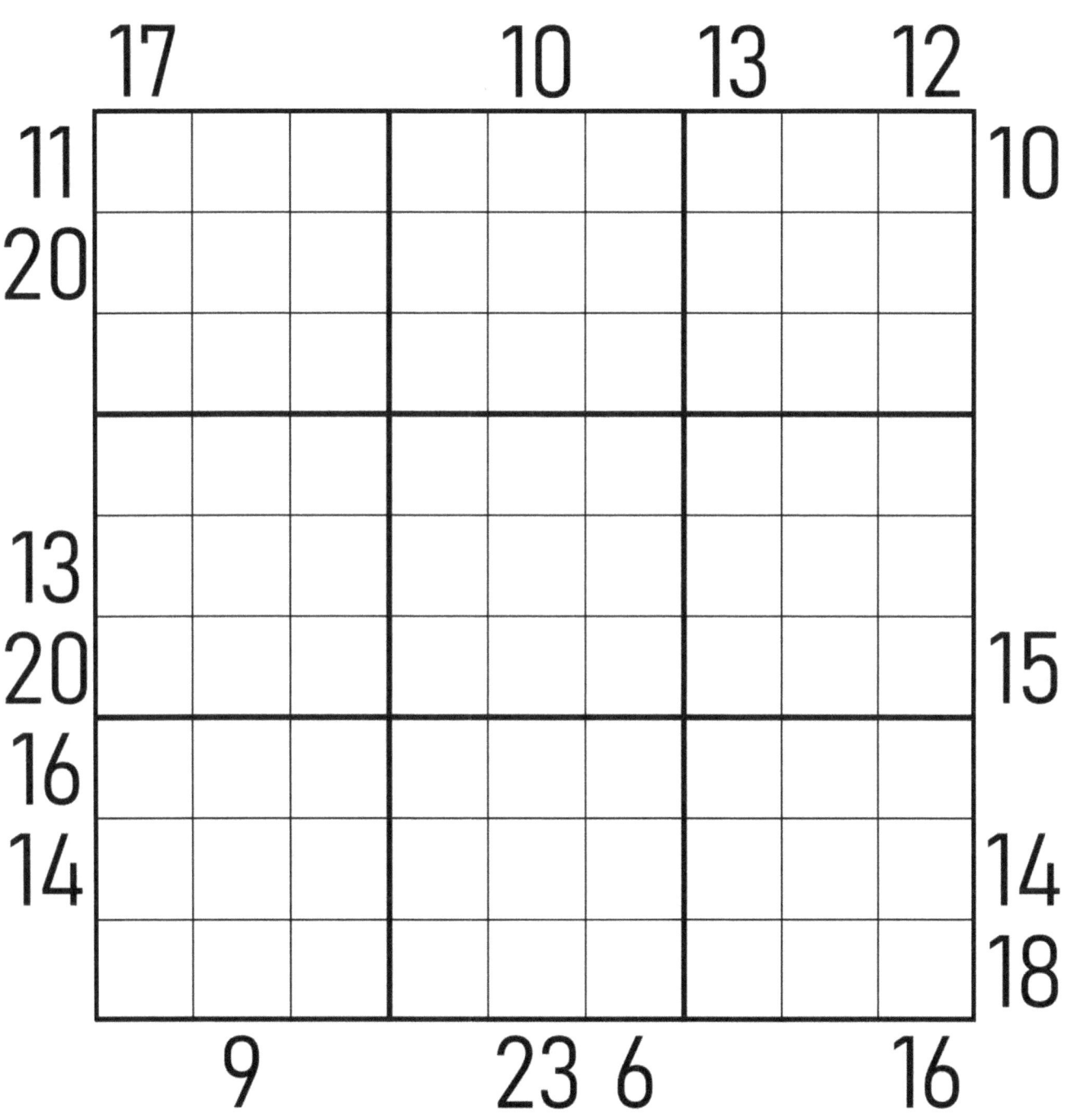

FRAME SUDOKU

PUZZLE 33 - HARD

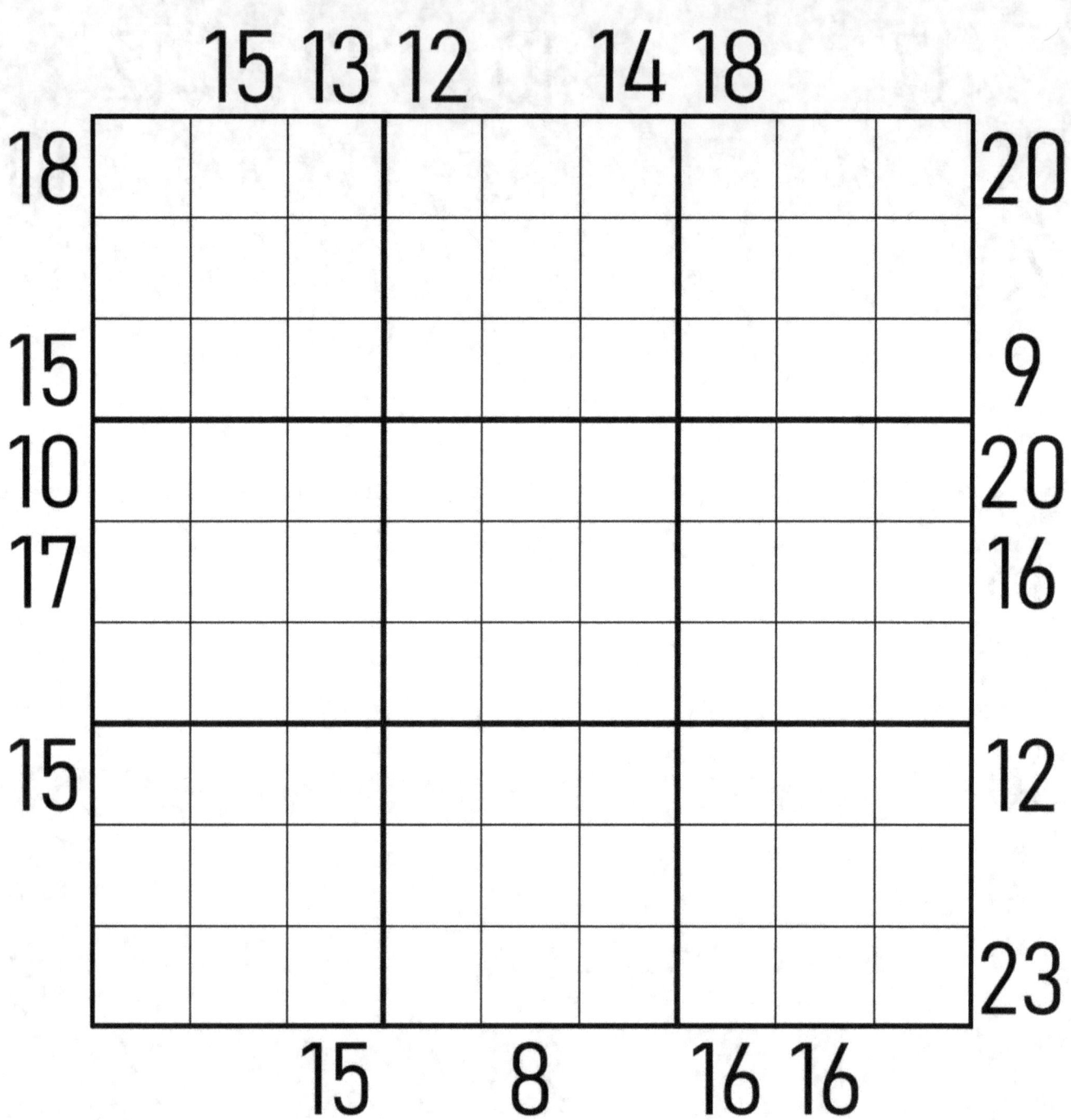

FRAME SUDOKU

PUZZLE 34 - HARD

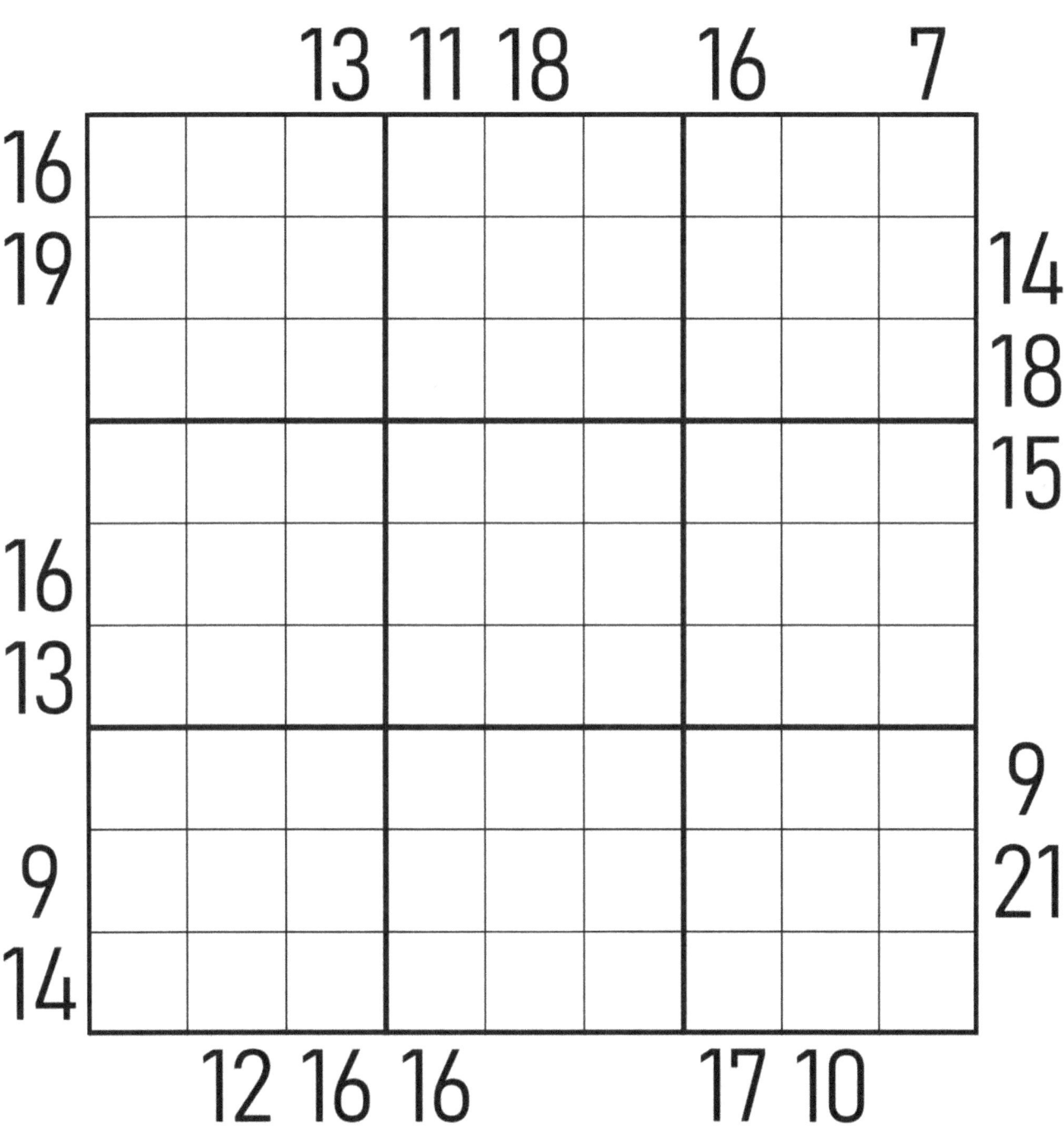

FRAME SUDOKU

PUZZLE 35 - HARD

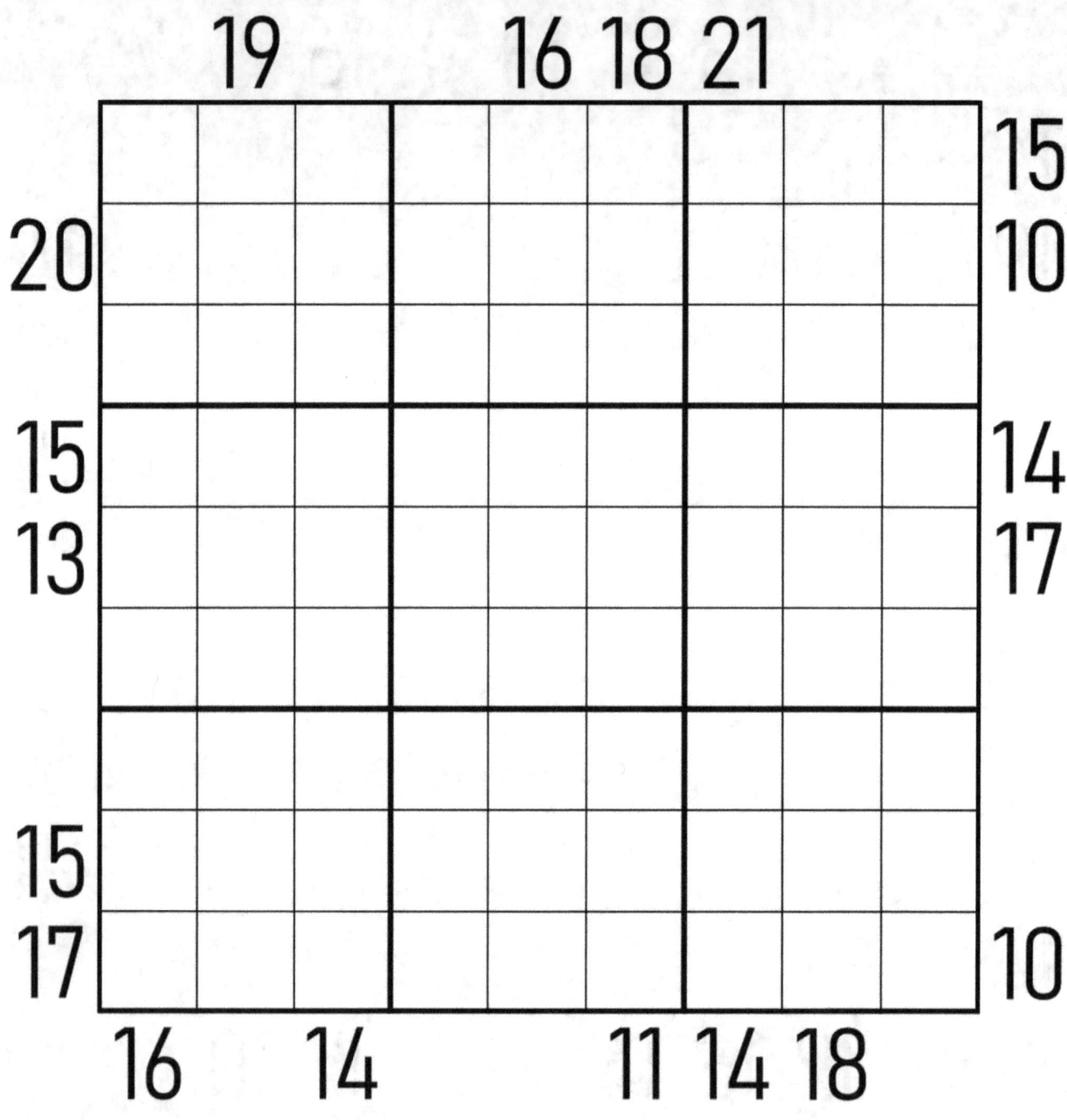

FRAME SUDOKU

PUZZLE 36 - HARD

	14	15	14	13			13
24							12
6							
12							17
16							19
19							
							15
							14
	19	13	20	7	18	16	

FRAME SUDOKU

PUZZLE 37 - HARD

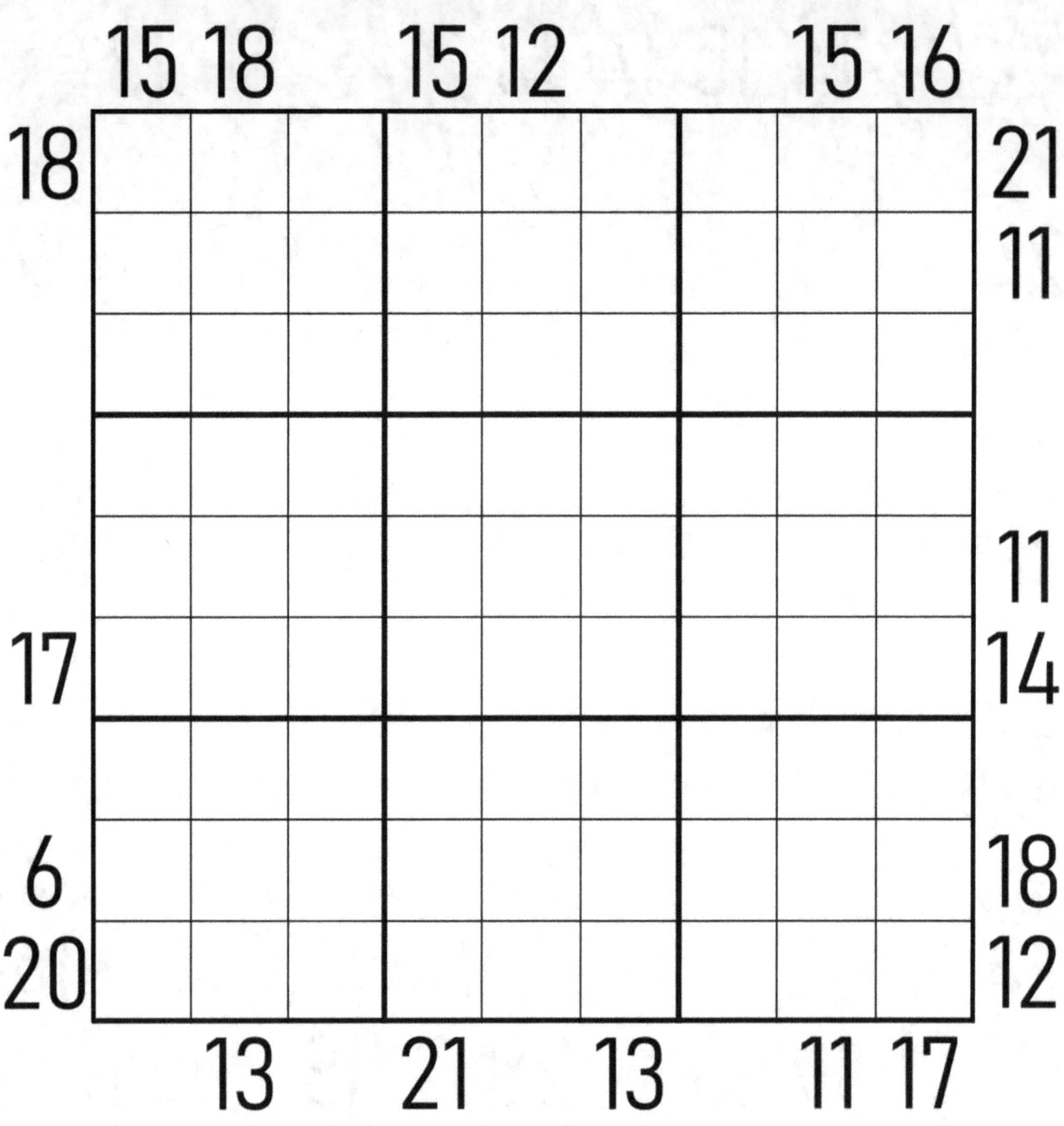

FRAME SUDOKU

PUZZLE 38 - HARD

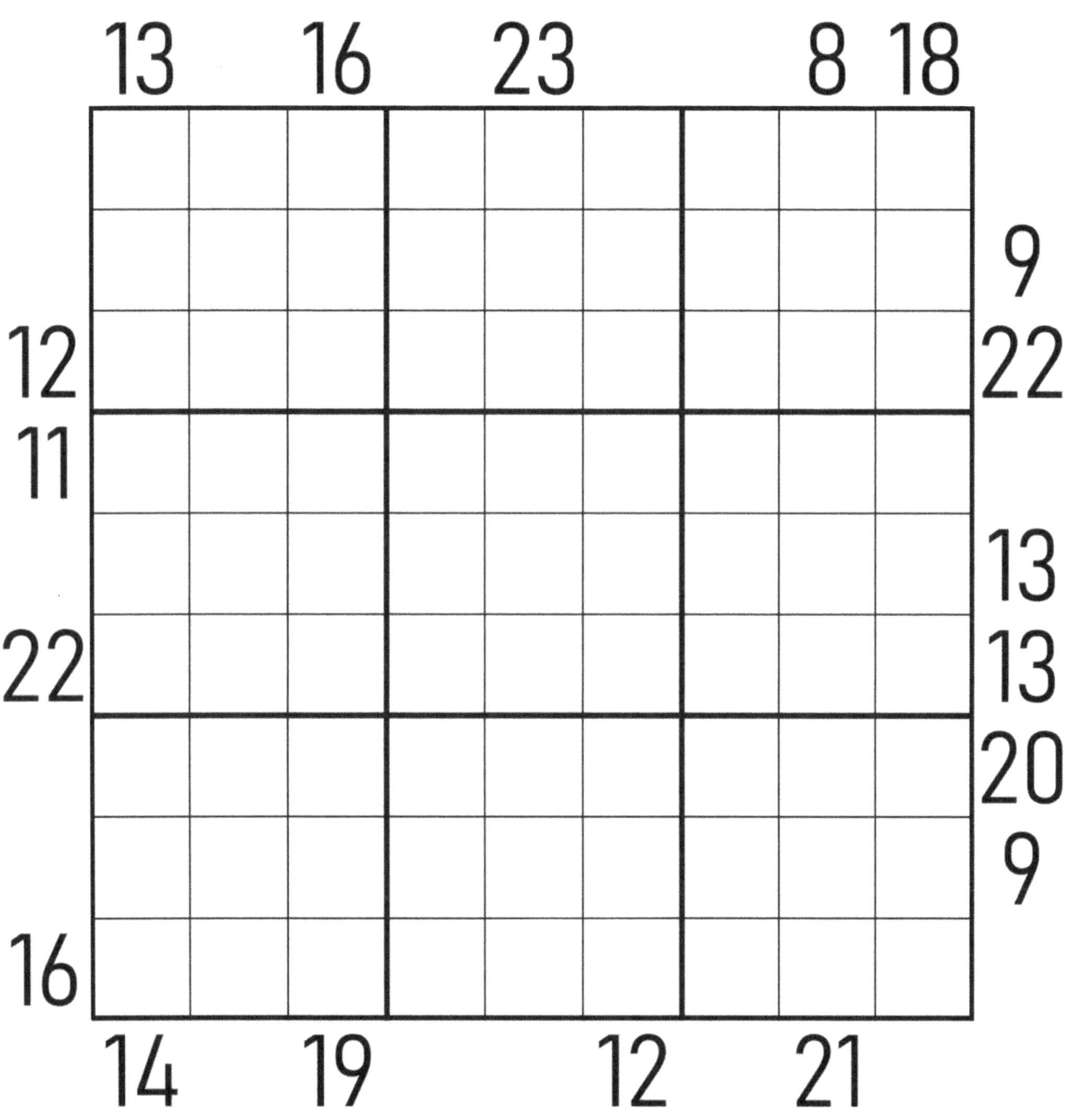

FRAME SUDOKU

PUZZLE 39 - HARD

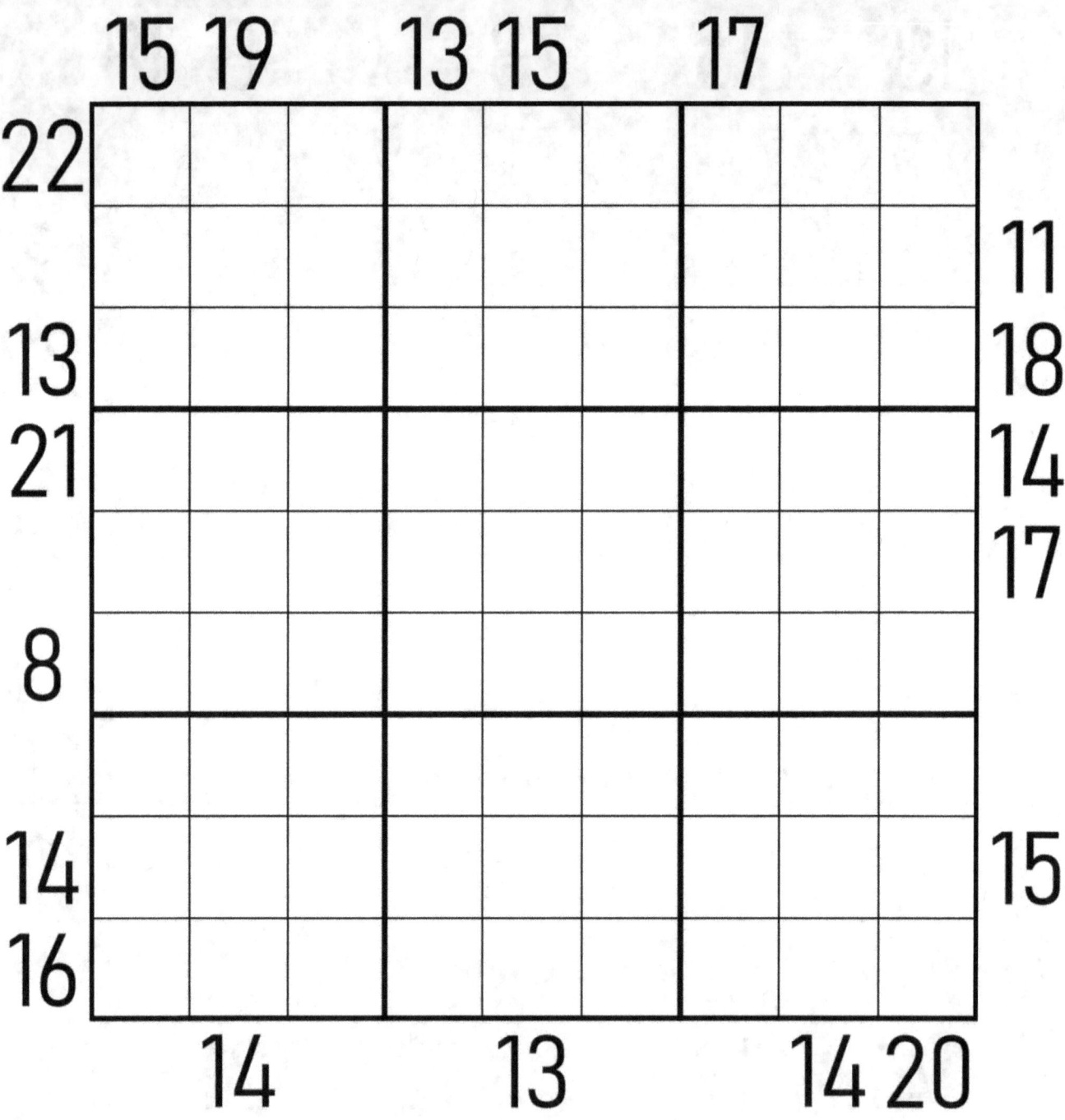

FRAME SUDOKU

PUZZLE 40 - HARD

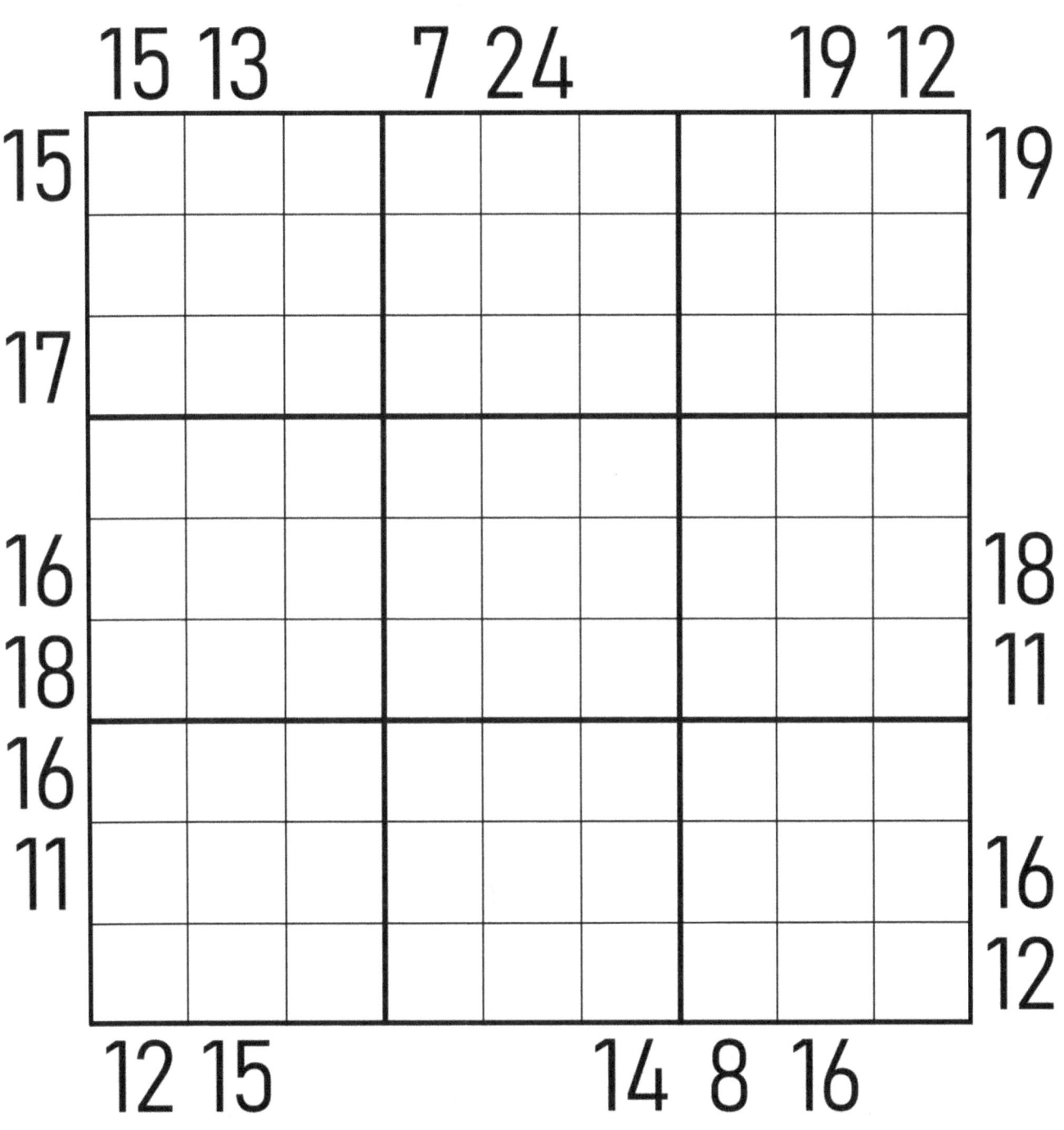

KILLER SUDOKU - 1

1	4	9	8	3	5	6	7	2
6	3	7	1	4	2	9	5	8
5	8	2	7	6	9	3	4	1
9	6	3	5	2	1	7	8	4
7	1	5	3	8	4	2	6	9
8	2	4	9	7	6	5	1	3
3	7	6	4	9	8	1	2	5
4	9	1	2	5	7	8	3	6
2	5	8	6	1	3	4	9	7

KILLER SUDOKU - 2

7	2	6	1	4	8	3	5	9
1	4	5	6	3	9	7	8	2
3	8	9	5	2	7	6	4	1
5	1	7	8	6	2	9	3	4
6	3	4	7	9	5	2	1	8
2	9	8	3	1	4	5	6	7
4	5	1	9	7	3	8	2	6
9	6	3	2	8	1	4	7	5
8	7	2	4	5	6	1	9	3

KILLER SUDOKU - 3

2	4	6	9	8	5	7	3	1
9	1	7	3	6	2	5	4	8
3	5	8	7	1	4	9	2	6
7	9	5	2	3	1	8	6	4
8	2	1	6	4	7	3	9	5
6	3	4	8	5	9	1	7	2
5	7	9	1	2	6	4	8	3
1	6	3	4	9	8	2	5	7
4	8	2	5	7	3	6	1	9

KILLER SUDOKU - 4

8	1	9	3	2	7	5	4	6
3	5	6	4	9	1	7	8	2
2	4	7	5	6	8	1	9	3
5	3	1	2	7	4	9	6	8
6	7	4	9	8	3	2	5	1
9	2	8	6	1	5	3	7	4
7	6	3	8	5	2	4	1	9
1	9	2	7	4	6	8	3	5
4	8	5	1	3	9	6	2	7

KILLER SUDOKU - 5

6	7	4	3	8	2	5	9	1
9	8	2	5	1	4	7	3	6
1	5	3	9	7	6	2	8	4
5	2	7	6	9	1	8	4	3
3	9	8	4	2	5	1	6	7
4	6	1	7	3	8	9	5	2
7	3	5	1	4	9	6	2	8
8	4	6	2	5	7	3	1	9
2	1	9	8	6	3	4	7	5

KILLER SUDOKU - 6

2	3	8	1	4	6	9	7	5
7	5	1	9	8	2	4	3	6
9	4	6	7	3	5	8	1	2
1	7	4	5	6	9	3	2	8
6	9	3	8	2	1	7	5	4
8	2	5	4	7	3	6	9	1
4	1	2	3	9	8	5	6	7
3	6	7	2	5	4	1	8	9
5	8	9	6	1	7	2	4	3

KILLER SUDOKU - 7

7	3	1	9	6	4	8	5	2
5	2	6	8	1	3	9	7	4
4	8	9	2	5	7	3	1	6
1	6	4	5	9	8	2	3	7
9	7	2	6	3	1	4	8	5
8	5	3	7	4	2	1	6	9
6	1	8	4	7	9	5	2	3
2	9	5	3	8	6	7	4	1
3	4	7	1	2	5	6	9	8

KILLER SUDOKU - 8

4	7	9	3	1	6	2	8	5
6	8	2	9	5	7	1	3	4
3	5	1	2	4	8	9	6	7
1	3	7	8	9	2	5	4	6
2	4	5	6	3	1	8	7	9
9	6	8	5	7	4	3	2	1
7	1	3	4	8	9	6	5	2
8	2	4	1	6	5	7	9	3
5	9	6	7	2	3	4	1	8

KILLER SUDOKU - 9

5	8	9	3	6	4	7	2	1
2	3	1	7	8	9	4	6	5
4	6	7	2	5	1	9	3	8
3	2	6	4	7	8	1	5	9
9	4	8	6	1	5	3	7	2
7	1	5	9	3	2	8	4	6
8	9	3	5	4	6	2	1	7
6	7	2	1	9	3	5	8	4
1	5	4	8	2	7	6	9	3

KILLER SUDOKU - 10

2	9	8	3	4	6	5	7	1
6	4	5	8	7	1	9	2	3
1	3	7	2	5	9	6	4	8
3	7	2	4	9	8	1	5	6
8	1	4	7	6	5	3	9	2
5	6	9	1	3	2	4	8	7
4	8	3	9	1	7	2	6	5
7	5	1	6	2	4	8	3	9
9	2	6	5	8	3	7	1	4

KILLER SUDOKU - 11

2	9	5	4	3	7	1	8	6
1	4	8	9	6	2	7	3	5
3	6	7	5	1	8	9	4	2
4	3	1	2	5	9	8	6	7
7	8	9	1	4	6	2	5	3
5	2	6	7	8	3	4	1	9
8	7	4	6	9	5	3	2	1
9	5	3	8	2	1	6	7	4
6	1	2	3	7	4	5	9	8

KILLER SUDOKU - 12

2	3	1	9	6	8	5	4	7
5	6	7	1	4	3	9	2	8
8	4	9	5	2	7	1	6	3
6	2	5	8	1	4	7	3	9
9	8	4	3	7	5	2	1	6
1	7	3	2	9	6	8	5	4
4	5	2	6	8	9	3	7	1
3	9	6	7	5	1	4	8	2
7	1	8	4	3	2	6	9	5

KILLER SUDOKU - 13

4	5	8	2	1	7	3	6	9
1	7	2	6	3	9	4	5	8
9	6	3	4	8	5	1	2	7
8	1	6	5	2	3	9	7	4
5	3	4	7	9	1	2	8	6
2	9	7	8	4	6	5	3	1
3	4	5	9	7	8	6	1	2
7	2	1	3	6	4	8	9	5
6	8	9	1	5	2	7	4	3

KILLER SUDOKU - 14

7	3	4	6	2	8	9	1	5
6	9	2	1	3	5	8	4	7
1	5	8	4	9	7	6	2	3
4	6	1	2	8	3	7	5	9
9	2	3	7	5	4	1	6	8
8	7	5	9	6	1	2	3	4
2	4	6	3	7	9	5	8	1
3	8	7	5	1	6	4	9	2
5	1	9	8	4	2	3	7	6

KILLER SUDOKU - 15

5	4	2	7	9	3	6	1	8
1	6	7	5	8	4	9	2	3
9	3	8	2	1	6	5	7	4
7	1	6	4	3	9	2	8	5
2	9	4	6	5	8	7	3	1
8	5	3	1	2	7	4	6	9
6	2	1	8	4	5	3	9	7
4	7	9	3	6	1	8	5	2
3	8	5	9	7	2	1	4	6

KILLER SUDOKU - 16

2	3	1	4	7	5	6	9	8
8	6	4	9	2	3	7	5	1
9	7	5	1	6	8	4	2	3
4	2	6	5	3	7	8	1	9
7	8	9	2	4	1	5	3	6
5	1	3	6	8	9	2	7	4
1	4	7	8	9	2	3	6	5
6	9	2	3	5	4	1	8	7
3	5	8	7	1	6	9	4	2

KILLER SUDOKU - 17

7	9	6	5	8	3	1	4	2
4	8	2	1	6	9	7	5	3
3	5	1	7	4	2	9	8	6
5	4	3	6	9	8	2	7	1
1	2	8	4	3	7	6	9	5
6	7	9	2	1	5	4	3	8
9	1	5	8	2	4	3	6	7
8	6	4	3	7	1	5	2	9
2	3	7	9	5	6	8	1	4

KILLER SUDOKU - 18

6	8	7	4	1	3	2	5	9
5	3	4	2	6	9	1	7	8
9	2	1	8	7	5	3	4	6
1	5	2	6	4	7	8	9	3
4	6	9	3	8	2	5	1	7
8	7	3	5	9	1	4	6	2
2	4	8	9	5	6	7	3	1
3	1	6	7	2	4	9	8	5
7	9	5	1	3	8	6	2	4

KILLER SUDOKU - 19

6	2	1	3	7	4	5	9	8
5	9	7	2	1	8	3	6	4
4	3	8	6	5	9	2	1	7
9	7	6	5	8	2	1	4	3
8	1	5	7	4	3	9	2	6
2	4	3	1	9	6	8	7	5
7	6	9	8	2	5	4	3	1
1	5	2	4	3	7	6	8	9
3	8	4	9	6	1	7	5	2

KILLER SUDOKU - 20

1	9	2	6	3	8	4	5	7
3	6	4	7	9	5	1	8	2
7	5	8	1	4	2	3	9	6
9	2	1	5	8	6	7	4	3
6	8	5	4	7	3	9	2	1
4	3	7	9	2	1	5	6	8
5	7	6	2	1	9	8	3	4
8	4	9	3	6	7	2	1	5
2	1	3	8	5	4	6	7	9

KILLER SUDOKU - 21

7	4	3	8	6	2	9	5	1
1	9	8	4	5	3	2	6	7
2	5	6	9	1	7	4	3	8
8	2	9	1	7	6	5	4	3
5	7	1	2	3	4	6	8	9
6	3	4	5	9	8	7	1	2
9	6	2	3	8	5	1	7	4
4	8	7	6	2	1	3	9	5
3	1	5	7	4	9	8	2	6

KILLER SUDOKU - 22

2	5	4	1	6	3	9	8	7
9	1	3	8	4	7	5	6	2
6	7	8	9	2	5	3	4	1
1	3	9	7	8	2	4	5	6
8	2	6	5	3	4	1	7	9
5	4	7	6	9	1	2	3	8
3	8	1	2	5	6	7	9	4
7	6	5	4	1	9	8	2	3
4	9	2	3	7	8	6	1	5

KILLER SUDOKU - 23

6	1	5	3	4	8	2	9	7
2	8	9	6	5	7	4	1	3
7	3	4	9	2	1	6	5	8
4	9	2	1	8	3	5	7	6
1	7	3	5	6	4	9	8	2
8	5	6	2	7	9	1	3	4
3	6	1	7	9	2	8	4	5
9	2	8	4	3	5	7	6	1
5	4	7	8	1	6	3	2	9

KILLER SUDOKU - 24

7	4	2	6	8	5	9	1	3
3	5	1	4	9	2	7	8	6
6	8	9	7	1	3	4	5	2
1	6	3	5	7	4	2	9	8
4	7	5	9	2	8	3	6	1
9	2	8	1	3	6	5	4	7
5	1	6	2	4	7	8	3	9
2	3	4	8	6	9	1	7	5
8	9	7	3	5	1	6	2	4

KILLER SUDOKU - 25

4	1	9	6	8	5	3	7	2
2	8	5	3	9	7	6	4	1
7	6	3	4	1	2	8	9	5
6	3	7	2	5	4	9	1	8
5	9	4	8	3	1	2	6	7
8	2	1	9	7	6	5	3	4
3	5	8	7	4	9	1	2	6
9	7	6	1	2	8	4	5	3
1	4	2	5	6	3	7	8	9

KILLER SUDOKU - 26

6	4	9	7	3	5	1	2	8
1	7	2	4	8	9	3	6	5
8	5	3	2	6	1	7	9	4
7	2	6	1	4	8	9	5	3
3	1	8	5	9	2	6	4	7
4	9	5	6	7	3	2	8	1
2	3	7	8	5	6	4	1	9
9	8	1	3	2	4	5	7	6
5	6	4	9	1	7	8	3	2

KILLER SUDOKU - 27

3	5	8	7	2	4	1	9	6
9	4	6	3	5	1	7	2	8
7	1	2	8	9	6	5	3	4
5	9	3	1	6	2	8	4	7
2	8	4	5	7	9	3	6	1
1	6	7	4	3	8	2	5	9
8	7	5	6	4	3	9	1	2
4	2	1	9	8	5	6	7	3
6	3	9	2	1	7	4	8	5

KILLER SUDOKU - 28

7	2	8	9	4	3	5	1	6
3	6	5	1	8	2	4	7	9
9	1	4	5	7	6	3	8	2
1	3	7	2	6	9	8	4	5
4	9	6	8	5	7	1	2	3
8	5	2	3	1	4	9	6	7
5	8	9	6	2	1	7	3	4
2	4	3	7	9	8	6	5	1
6	7	1	4	3	5	2	9	8

KILLER SUDOKU - 29

6	1	2	7	4	3	9	5	8
9	3	7	1	5	8	2	6	4
4	5	8	2	6	9	1	7	3
2	9	1	6	8	7	3	4	5
7	4	5	3	9	2	6	8	1
8	6	3	4	1	5	7	9	2
1	7	9	5	2	4	8	3	6
5	8	6	9	3	1	4	2	7
3	2	4	8	7	6	5	1	9

KILLER SUDOKU - 30

9	6	1	8	4	3	7	2	5
2	3	4	9	7	5	6	1	8
7	8	5	1	6	2	9	3	4
8	9	3	5	1	6	4	7	2
1	7	2	4	3	8	5	9	6
4	5	6	7	2	9	1	8	3
3	4	7	6	8	1	2	5	9
5	1	8	2	9	4	3	6	7
6	2	9	3	5	7	8	4	1

KILLER SUDOKU - 31

6	2	4	1	9	5	3	8	7
8	9	7	2	3	6	1	5	4
5	1	3	4	7	8	2	9	6
2	7	8	5	4	3	6	1	9
4	3	6	8	1	9	5	7	2
1	5	9	6	2	7	4	3	8
3	4	2	7	8	1	9	6	5
7	6	1	9	5	2	8	4	3
9	8	5	3	6	4	7	2	1

KILLER SUDOKU - 32

6	5	9	3	2	8	1	4	7
1	3	8	4	7	6	9	2	5
7	2	4	9	5	1	3	8	6
3	4	6	7	9	2	8	5	1
2	8	7	1	3	5	6	9	4
9	1	5	6	8	4	2	7	3
8	9	3	5	1	7	4	6	2
4	7	2	8	6	3	5	1	9
5	6	1	2	4	9	7	3	8

KILLER SUDOKU - 33

1	2	6	3	8	5	7	9	4
3	5	9	7	6	4	1	8	2
7	4	8	9	2	1	6	5	3
8	3	1	4	5	7	2	6	9
2	7	5	8	9	6	3	4	1
9	6	4	2	1	3	8	7	5
5	8	7	1	4	2	9	3	6
6	9	2	5	3	8	4	1	7
4	1	3	6	7	9	5	2	8

KILLER SUDOKU - 34

2	5	7	3	8	1	4	6	9
8	3	4	6	9	2	7	5	1
1	6	9	7	5	4	8	2	3
7	2	8	9	3	5	1	4	6
3	4	1	8	2	6	5	9	7
6	9	5	1	4	7	2	3	8
5	7	3	2	6	8	9	1	4
9	1	2	4	7	3	6	8	5
4	8	6	5	1	9	3	7	2

KILLER SUDOKU - 35

3	2	1	4	5	8	6	7	9
6	5	9	3	7	2	8	4	1
7	8	4	6	9	1	3	5	2
4	3	5	1	6	7	2	9	8
2	6	7	5	8	9	1	3	4
9	1	8	2	3	4	7	6	5
5	4	3	8	2	6	9	1	7
1	7	2	9	4	3	5	8	6
8	9	6	7	1	5	4	2	3

KILLER SUDOKU - 36

8	3	7	1	2	9	4	5	6
4	1	6	7	5	8	2	9	3
5	9	2	4	3	6	7	8	1
1	7	8	2	6	5	3	4	9
2	5	9	3	4	1	6	7	8
3	6	4	8	9	7	1	2	5
9	2	1	6	8	4	5	3	7
7	8	3	5	1	2	9	6	4
6	4	5	9	7	3	8	1	2

KILLER SUDOKU - 37

8	7	6	2	4	5	1	3	9
2	1	4	7	3	9	5	6	8
9	5	3	6	1	8	4	7	2
6	2	5	8	9	1	3	4	7
1	8	7	3	6	4	9	2	5
3	4	9	5	2	7	6	8	1
5	6	1	4	8	2	7	9	3
7	3	2	9	5	6	8	1	4
4	9	8	1	7	3	2	5	6

KILLER SUDOKU - 38

6	3	1	4	9	8	7	5	2
7	8	4	6	2	5	1	9	3
5	2	9	3	1	7	4	6	8
2	9	7	1	8	6	3	4	5
3	5	8	9	4	2	6	1	7
4	1	6	7	5	3	2	8	9
8	7	3	5	6	4	9	2	1
9	4	2	8	3	1	5	7	6
1	6	5	2	7	9	8	3	4

KILLER SUDOKU - 39

5	6	7	1	8	3	2	4	9
8	3	9	7	4	2	5	1	6
4	1	2	6	9	5	8	7	3
7	2	6	5	3	4	1	9	8
1	8	3	9	7	6	4	2	5
9	4	5	8	2	1	3	6	7
2	7	1	3	6	8	9	5	4
6	5	8	4	1	9	7	3	2
3	9	4	2	5	7	6	8	1

KILLER SUDOKU - 40

3	5	2	9	6	1	4	8	7
1	7	4	3	2	8	9	6	5
9	8	6	5	4	7	3	2	1
2	1	9	7	3	6	5	4	8
5	3	8	4	9	2	7	1	6
4	6	7	1	8	5	2	9	3
7	9	1	8	5	4	6	3	2
8	2	3	6	7	9	1	5	4
6	4	5	2	1	3	8	7	9

SANDWICH SUDOKU -1

	0	0	0	23	0	16	3	0	0
8	2	3	5	9	8	1	7	6	4
35	1	4	7	6	3	2	8	5	9
35	9	8	6	4	5	7	2	3	1
27	6	9	8	5	7	3	4	1	2
25	7	1	2	8	6	4	5	9	3
2	3	5	4	1	2	9	6	8	7
12	8	2	9	3	4	5	1	7	6
7	4	6	1	7	9	8	3	2	5
6	5	7	3	2	1	6	9	4	8

SANDWICH SUDOKU -2

	22	11	35	15	23	6	10	9	21
8	9	8	1	5	4	2	3	6	7
5	3	4	2	8	6	7	1	5	9
0	6	7	5	3	1	9	2	4	8
17	5	2	7	9	3	6	8	1	4
0	8	3	4	7	5	1	9	2	6
0	1	9	6	2	8	4	5	7	3
0	2	5	8	6	7	3	4	9	1
0	4	6	3	1	9	5	7	8	2
0	7	1	9	4	2	8	6	3	5

SANDWICH SUDOKU -3

	27	0	9	0	28	30	4	9	19
0	2	8	4	3	1	9	7	6	5
3	6	7	5	2	8	4	9	3	1
0	9	1	3	7	5	6	4	8	2
21	3	9	8	4	2	7	1	5	6
16	7	2	6	1	3	5	8	9	4
0	5	4	1	9	6	8	3	2	7
13	8	3	2	5	4	1	6	7	9
5	4	5	7	6	9	3	2	1	8
6	1	6	9	8	7	2	5	4	3

SANDWICH SUDOKU -4

	4	5	15	29	0	32	5	12	5
13	5	4	1	2	8	3	9	6	7
7	3	6	8	9	7	1	5	2	4
22	2	9	7	5	6	4	1	8	3
22	8	3	9	6	4	5	7	1	2
19	6	2	5	3	1	7	8	4	9
12	7	1	4	8	9	2	6	3	5
35	9	8	2	7	3	6	4	5	1
15	4	7	3	1	5	8	2	9	6
17	1	5	6	4	2	9	3	7	8

SANDWICH SUDOKU -5

	15	12	0	5	29	8	26	6	16
17	2	8	1	7	4	6	9	5	3
24	5	6	9	8	2	3	4	7	1
0	4	7	3	5	9	1	2	6	8
0	1	9	2	4	7	8	5	3	6
7	8	5	4	6	3	9	7	1	2
19	7	3	6	1	5	2	8	4	9
26	9	4	8	3	6	5	1	2	7
24	6	1	7	2	8	4	3	9	5
0	3	2	5	9	1	7	6	8	4

SANDWICH SUDOKU -6

	4	19	0	2	0	17	5	14	0
24	3	9	4	7	5	2	6	1	8
0	2	6	5	4	8	1	9	7	3
0	8	7	1	9	6	3	5	4	2
17	5	4	9	2	7	8	1	3	6
18	7	2	3	1	4	6	8	9	5
16	6	1	8	5	3	9	7	2	4
35	9	5	6	3	2	7	4	8	1
13	4	3	7	8	1	5	2	6	9
16	1	8	2	6	9	4	3	5	7

SANDWICH SUDOKU -7

	16	20	23	23	9	0	4	2	0
32	1	5	8	2	6	4	7	9	3
8	7	4	9	3	5	1	6	2	8
5	3	6	2	7	8	9	5	1	4
5	2	1	5	9	4	3	8	7	6
7	4	3	6	8	1	7	9	5	2
35	9	8	7	5	2	6	4	3	1
4	5	2	3	6	8	8	1	4	9
4	8	7	1	4	9	2	3	6	5
4	6	9	4	1	3	5	2	8	7

SANDWICH SUDOKU -8

	25	25	0	35	25	0	0	17	24
0	6	2	5	9	1	3	8	7	4
0	9	1	4	7	8	5	6	3	2
0	3	7	8	6	4	2	1	9	5
5	8	4	6	3	2	7	9	5	1
10	7	5	1	4	6	9	2	8	3
13	2	3	9	8	5	1	7	4	6
7	5	6	7	2	9	4	3	1	8
0	1	9	2	5	3	8	4	6	7
20	4	8	3	1	7	6	5	2	9

SANDWICH SUDOKU -9

	10	4	7	26	0	7	8	26	13
35	9	5	7	4	3	6	8	2	1
18	8	3	1	5	2	7	4	9	6
8	2	6	4	9	8	1	3	5	7
35	1	8	3	2	5	4	7	6	9
16	4	2	9	7	6	3	1	8	5
0	5	7	6	8	1	9	2	3	4
11	7	1	8	3	9	5	6	4	2
0	3	4	5	6	7	2	9	1	8
2	6	9	2	1	4	8	5	7	3

SANDWICH SUDOKU -10

	0	0	0	5	28	22	23	10	4
9	7	9	6	3	1	5	2	4	8
27	3	1	2	4	7	8	6	9	5
0	8	5	4	2	6	9	1	3	7
0	2	3	9	1	4	7	8	5	6
24	4	7	1	5	8	6	3	2	9
12	5	6	8	9	3	2	7	1	4
16	6	2	3	8	9	4	5	7	1
25	1	4	7	6	5	3	9	8	2
22	9	8	5	7	2	1	4	6	3

SANDWICH SUDOKU -11

	13	23	14	12	11	23	13	0	31
17	8	4	6	9	2	7	3	5	1
0	2	1	9	3	6	5	4	8	7
6	3	7	5	4	8	1	6	9	2
8	4	3	7	5	9	6	2	1	8
10	9	8	2	1	4	3	7	6	5
17	6	5	1	2	7	8	9	4	3
12	7	9	4	8	1	2	5	3	6
35	1	6	3	7	5	4	8	2	9
0	5	2	8	6	3	9	1	7	4

SANDWICH SUDOKU -12

	13	14	4	10	17	20	0	22	11
22	9	2	8	3	5	4	1	7	6
6	7	4	3	8	1	6	9	2	5
14	6	1	5	2	7	9	3	4	8
33	1	3	7	5	4	8	6	9	2
28	2	5	9	7	6	3	4	8	1
0	8	6	4	1	9	2	5	3	7
0	3	9	1	6	8	7	2	5	4
14	5	7	2	4	3	1	8	6	9
14	4	8	6	9	2	5	7	1	3

SANDWICH SUDOKU -13

	35	0	32	0	0	5	0	29	13
27	9	5	3	2	4	7	6	1	8
11	2	6	1	8	3	9	4	5	7
10	4	7	8	6	1	5	3	2	9
0	3	2	4	5	9	1	7	8	6
21	6	9	7	4	8	2	1	3	5
21	8	1	5	3	7	6	9	4	2
21	5	3	6	9	2	4	8	7	1
19	7	4	2	1	6	8	5	9	3
8	1	8	9	7	5	3	2	6	4

SANDWICH SUDOKU -14

	35	22	19	0	0	19	24	14	13
8	1	8	9	7	5	2	4	3	6
0	6	2	5	8	4	3	9	1	7
6	7	3	4	9	6	1	5	8	2
7	8	9	7	1	2	5	3	6	4
0	2	5	3	4	7	6	8	9	1
3	4	6	1	3	9	8	2	7	5
0	3	7	2	5	1	9	6	4	8
2	5	4	8	6	3	7	1	2	9
0	9	1	6	2	8	4	7	5	3

SANDWICH SUDOKU -15

	0	2	14	0	8	21	14	3	3
23	2	7	3	1	6	4	5	8	9
0	4	8	1	9	2	5	6	7	3
35	9	6	5	8	7	3	2	4	1
22	1	4	7	6	3	2	9	5	8
0	8	5	2	4	1	9	3	6	7
24	6	3	9	5	8	7	4	1	2
10	5	1	8	2	9	6	7	3	4
0	7	2	6	3	4	8	1	9	5
16	3	9	4	7	5	1	8	2	6

SANDWICH SUDOKU -16

	27	14	14	26	0	9	16	28	10
0	8	5	2	7	3	6	4	9	1
7	1	4	3	9	8	5	7	6	2
13	6	9	7	4	2	1	5	8	3
3	2	8	4	6	9	3	1	7	5
9	7	6	5	8	1	4	2	3	9
0	3	1	9	5	7	2	8	4	6
6	4	2	8	3	5	9	6	1	7
11	5	3	6	1	4	7	9	2	8
7	9	7	1	2	6	8	3	5	4

SANDWICH SUDOKU -17

	9	0	15	0	8	0	0	13	10
28	4	1	6	8	2	7	5	9	3
33	2	9	5	6	3	4	8	7	1
0	7	8	3	5	9	1	2	6	4
3	5	7	4	2	8	9	3	1	6
12	8	6	2	7	1	3	4	5	9
3	9	3	1	4	6	5	7	2	8
7	6	4	8	1	5	2	9	3	7
10	3	5	7	9	4	6	1	8	2
2	1	2	9	3	7	8	6	4	5

SANDWICH SUDOKU -18

	24	12	13	14	12	4	2	19	25
7	8	2	7	6	5	9	4	3	1
0	9	1	6	8	3	4	7	2	5
8	5	4	3	7	2	1	8	9	6
9	7	8	2	1	6	3	9	5	4
0	6	9	1	4	7	5	2	8	3
8	4	3	5	2	9	8	1	6	7
0	2	6	8	5	4	7	3	1	9
7	1	7	9	3	8	6	5	4	2
0	3	5	4	9	1	2	6	7	8

SANDWICH SUDOKU -19

	21	0	0	0	0	5	27	0	28
24	4	1	3	8	6	7	9	5	2
27	8	9	5	3	2	4	7	6	1
5	2	7	6	9	5	1	3	8	4
11	9	3	8	1	7	5	4	2	6
8	7	5	2	6	4	9	8	1	3
18	6	4	1	2	8	3	5	9	7
9	5	6	9	4	3	2	1	7	8
18	3	2	7	5	1	8	6	4	9
19	1	8	4	7	9	6	2	3	5

SANDWICH SUDOKU -20

	6	23	8	13	27	8	13	8	7
0	8	6	3	2	9	1	7	4	5
0	7	2	4	8	6	5	1	9	3
0	9	1	5	7	4	3	2	8	6
6	2	3	7	5	8	9	6	1	4
0	4	8	9	1	7	6	5	3	2
20	1	5	6	3	2	4	9	7	8
17	3	7	2	6	1	8	4	5	9
0	5	9	1	4	3	2	8	6	7
17	6	4	8	9	5	7	3	2	1

SANDWICH SUDOKU -21

	14	20	12	4	9	7	0	6	0
16	2	4	6	1	8	5	3	9	7
0	5	9	1	4	3	7	8	6	2
12	7	8	3	9	6	2	4	1	5
24	1	2	4	7	5	6	9	8	3
0	8	3	5	2	4	9	1	7	6
8	6	7	9	8	1	3	5	2	4
0	9	1	2	5	7	4	6	3	8
12	4	6	8	3	2	1	7	5	9
14	3	5	7	6	9	8	2	4	1

SANDWICH SUDOKU -22

	29	16	14	18	21	15	5	15	17
13	1	2	4	7	9	6	8	5	3
13	6	3	9	8	5	1	2	7	4
0	7	8	5	2	3	4	9	1	6
14	8	6	7	1	2	3	5	4	9
20	5	9	2	6	4	8	1	3	7
12	3	4	1	5	7	9	6	2	8
19	9	7	8	4	1	5	3	6	2
0	2	5	6	3	8	7	4	9	1
3	4	1	3	9	6	2	7	8	5

SANDWICH SUDOKU -23

	0	0	0	0	7	4	18	0	17
14	9	2	7	5	1	3	6	4	8
32	1	8	5	4	7	6	2	9	3
7	3	4	6	8	9	2	5	1	7
20	8	7	9	3	6	5	4	2	1
19	2	5	1	7	4	8	9	3	6
2	4	6	3	9	2	1	7	8	5
8	7	9	8	1	5	4	3	6	2
11	5	1	2	6	3	9	8	7	4
5	6	3	4	2	8	7	1	5	9

SANDWICH SUDOKU -24

	0	0	0	0	15	7	0	5	7
17	4	6	5	1	8	2	7	9	3
0	3	2	1	9	4	7	6	5	8
18	7	8	9	3	6	5	4	1	2
35	1	5	4	7	2	6	3	8	9
9	9	3	2	4	1	8	5	6	7
6	8	7	6	5	3	9	2	4	1
24	5	1	8	6	7	3	9	2	4
24	2	9	7	8	5	4	1	3	6
0	6	4	3	2	9	1	8	7	5

SANDWICH SUDOKU -25

	15	0	0	15	14	7	18	20	17
0	3	8	6	5	2	1	9	4	7
30	5	9	2	4	8	7	3	6	1
16	4	1	7	3	6	9	8	2	5
15	1	4	5	6	9	8	7	3	2
0	7	3	8	2	4	5	1	9	6
0	2	6	9	1	7	3	5	8	4
24	6	5	1	8	3	2	4	7	9
12	9	2	3	7	1	4	6	5	8
13	8	7	4	9	5	6	2	1	3

SANDWICH SUDOKU -26

	0	0	0	16	13	9	14	18	35
0	2	5	3	4	6	7	8	1	9
7	8	6	1	2	5	9	7	3	4
0	4	7	9	1	8	3	6	5	2
6	3	2	5	9	6	1	8	7	4
18	6	9	8	3	7	1	4	2	5
24	5	1	7	8	2	4	3	9	6
9	1	8	9	6	4	5	2	7	8
13	9	4	2	7	1	8	5	6	3
4	7	8	5	6	3	2	9	4	1

SANDWICH SUDOKU -27

	0	10	9	4	0	5	17	5	13
8	5	3	8	7	9	2	6	1	4
14	9	4	2	8	1	6	7	3	5
25	1	6	7	5	3	4	9	2	8
17	8	5	3	1	6	7	4	9	2
0	7	9	1	4	2	8	5	6	3
23	6	2	4	9	5	3	8	7	1
0	3	8	5	2	7	9	1	4	6
0	2	1	9	6	4	5	3	8	7
7	4	7	6	3	8	1	2	5	9

SANDWICH SUDOKU -28

	35	0	18	0	0	7	29	14	7
27	9	3	5	7	6	4	2	1	8
8	6	4	7	2	1	8	9	5	3
7	8	1	2	5	9	3	7	6	4
0	5	9	1	4	8	7	6	3	2
0	7	2	4	3	5	6	8	9	1
2	3	6	8	9	2	1	5	4	7
20	2	7	6	1	4	5	3	8	9
13	4	5	9	8	3	2	1	7	6
24	1	8	3	6	7	9	4	2	5

SANDWICH SUDOKU -29

	23	14	15	5	5	16	11	0	27
15	6	7	4	3	9	2	8	5	1
0	1	9	3	8	5	7	4	2	6
11	5	8	2	6	1	4	7	9	3
0	3	4	5	7	8	6	9	1	2
4	7	2	6	9	4	1	3	8	5
0	8	1	9	5	2	3	6	4	7
11	9	3	8	1	6	5	2	7	4
6	4	5	7	2	3	8	1	6	9
11	2	6	1	4	7	9	5	3	8

SANDWICH SUDOKU -30

	0	0	5	0	35	26	18	6	13
4	2	3	9	4	1	6	8	7	5
4	6	8	5	2	7	3	9	4	1
13	7	4	1	8	5	9	3	2	6
2	3	9	2	1	8	7	6	5	4
7	4	1	7	9	6	5	2	8	3
0	8	5	6	3	2	4	7	1	9
22	9	2	3	5	4	8	1	6	7
27	1	7	4	6	3	2	5	9	8
0	5	6	8	7	9	1	4	3	2

SANDWICH SUDOKU -31

	16	19	25	17	8	12	7	5	3
0	8	7	2	4	5	9	1	3	6
6	1	6	9	8	2	3	7	4	5
13	5	3	4	1	6	7	9	8	2
20	7	1	3	5	4	2	6	9	8
0	4	8	6	3	9	1	2	5	7
31	9	2	5	7	8	6	3	1	4
19	3	4	7	2	1	8	5	6	9
0	6	5	1	9	7	4	8	2	3
33	2	9	8	6	3	5	4	7	1

SANDWICH SUDOKU -32

	0	8	10	5	0	2	13	2	0
0	5	2	1	9	8	7	6	4	3
0	3	8	4	5	2	6	1	9	7
6	7	9	6	1	4	3	8	2	5
26	4	3	9	6	7	8	5	1	2
4	2	5	8	3	1	4	9	7	6
9	6	1	7	2	9	5	4	3	8
19	1	6	2	8	3	9	7	5	4
35	9	4	5	7	6	2	3	8	1
8	8	7	3	4	5	1	2	6	9

SANDWICH SUDOKU -33

	18	6	11	8	14	24	16	13	13
27	8	9	7	4	5	6	2	3	1
0	2	6	5	3	9	1	4	7	8
21	3	1	4	2	8	7	9	6	5
0	4	3	2	5	6	8	7	1	9
21	9	8	6	7	1	2	3	5	4
0	5	7	1	9	4	3	6	8	2
0	6	5	3	8	2	4	1	9	7
3	7	4	8	1	3	9	5	2	6
2	1	2	9	6	7	5	8	4	3

SANDWICH SUDOKU -34

	22	12	7	0	15	28	28	0	18
13	4	1	5	2	6	9	7	3	8
24	9	2	3	7	8	4	1	6	5
5	8	7	6	5	1	3	2	9	4
0	5	3	8	4	7	2	6	1	9
4	7	9	4	1	3	6	5	8	2
0	2	6	1	9	5	8	4	7	3
14	1	4	7	3	9	5	8	2	6
10	6	5	9	8	2	1	3	4	7
5	3	8	2	6	4	7	9	5	1

SANDWICH SUDOKU -35

	22	20	7	19	7	0	11	27	4
28	9	6	8	3	4	2	5	1	7
13	3	5	1	6	7	9	4	8	2
0	2	4	7	5	8	1	9	6	3
0	8	1	9	2	6	4	3	7	5
0	5	2	3	9	1	7	8	4	6
2	4	7	6	8	5	3	1	2	9
31	1	3	5	7	2	8	6	9	4
15	6	8	2	4	9	5	7	3	1
4	7	9	4	1	3	6	2	5	8

SANDWICH SUDOKU -36

	2	0	16	4	2	3	0	20	2
0	7	3	9	1	6	8	2	4	5
22	1	8	5	4	3	2	9	6	7
12	2	6	4	9	7	5	1	3	8
15	9	5	7	3	1	6	8	2	4
17	8	4	1	5	2	7	3	9	6
16	3	2	6	8	9	4	7	5	1
17	5	9	3	6	8	1	4	7	2
29	6	1	2	7	4	3	5	8	9
6	4	7	8	2	5	9	6	1	3

SANDWICH SUDOKU -37

	23	7	20	9	20	0	6	21	10
0	5	7	2	9	1	8	6	4	3
0	4	8	6	2	3	5	7	9	1
0	3	9	1	7	4	6	5	8	2
11	9	4	7	1	5	2	3	6	8
2	6	3	5	4	8	7	1	2	9
14	2	1	8	6	9	3	4	5	7
16	8	6	9	3	7	4	2	1	5
0	7	5	4	8	2	1	9	3	6
16	1	2	3	5	6	9	8	7	4

SANDWICH SUDOKU -38

	3	14	0	33	11	10	5	4	8
35	9	6	8	2	4	3	7	5	1
7	3	5	4	9	7	1	6	2	8
35	1	2	7	6	5	8	4	3	9
17	7	9	5	4	6	2	1	8	3
0	8	3	2	7	1	9	5	6	4
16	6	4	1	8	3	5	9	7	2
19	4	7	9	3	8	6	2	1	5
8	2	1	3	5	9	7	8	4	6
9	5	8	6	1	2	4	3	9	7

SANDWICH SUDOKU -39

	6	0	0	3	5	20	2	0	0
22	1	7	4	8	3	9	5	6	2
15	6	2	5	7	1	4	8	3	9
35	9	8	3	2	5	6	4	7	1
13	8	1	7	6	9	5	3	2	4
22	5	9	2	4	7	3	6	1	8
17	4	3	6	1	8	2	7	9	5
0	7	4	8	3	2	1	9	5	6
0	3	5	1	9	6	8	2	4	7
16	2	6	9	5	4	7	1	8	3

SANDWICH SUDOKU -40

	0	14	15	8	24	18	0	6	14
14	7	5	4	1	6	8	9	3	2
7	2	6	3	5	9	7	1	8	4
0	8	1	9	3	4	2	6	5	7
2	6	4	5	9	2	1	3	7	8
35	1	3	8	4	7	6	5	2	9
29	9	7	2	8	3	5	4	1	6
0	5	9	1	2	8	4	7	6	3
5	4	8	6	7	1	3	2	9	5
12	3	2	7	6	5	9	8	4	1

FRAME SUDOKU - 1

	17	13	15	10	17	18	15	18	12	
16	6	7	3	1	2	5	8	9	4	21
22	9	5	8	6	7	4	1	2	3	6
7	2	1	4	3	8	9	6	7	5	18
8	1	2	5	4	9	6	3	8	7	18
21	8	6	7	5	3	2	4	1	9	14
16	3	4	9	8	1	7	2	5	6	13
14	5	8	1	9	6	3	7	4	2	13
9	4	3	2	7	5	8	9	6	1	16
22	7	9	6	2	4	1	5	3	8	16
	16	20	9	18	15	12	21	13	11	

FRAME SUDOKU - 2

	14	13	18	12	9	24	15	15	15	
10	7	2	1	5	4	8	3	6	9	18
17	4	5	8	6	3	9	7	1	2	10
18	3	6	9	1	2	7	5	8	4	17
17	6	8	3	7	5	2	4	9	1	14
12	1	7	4	8	9	3	2	5	6	13
16	5	9	2	4	6	1	8	7	3	18
8	2	1	5	9	7	4	6	3	8	17
17	8	3	6	2	1	5	9	4	7	20
20	9	4	7	3	8	6	1	2	5	8
	19	8	18	14	16	15	16	9	20	

FRAME SUDOKU - 3

	13	18	14	11	20	14	14	16	15	
22	5	8	9	4	3	6	2	7	1	10
14	7	4	3	2	9	1	8	6	5	19
9	1	6	2	5	8	7	4	3	9	16
13	2	5	6	7	4	9	1	8	3	12
12	4	7	1	3	6	8	5	9	2	16
20	9	3	8	1	2	5	7	4	6	17
17	3	9	5	8	7	2	6	1	4	11
15	6	2	7	9	1	4	3	5	8	16
13	8	1	4	6	5	3	9	2	7	18
	17	12	16	23	13	9	18	8	19	

FRAME SUDOKU - 4

	20	16	9	18	17	10	13	17	15	
14	5	3	6	7	8	1	4	9	2	15
17	7	9	1	2	4	3	8	5	6	19
14	8	4	2	9	5	6	1	3	7	11
19	6	8	5	4	1	7	9	2	3	14
13	4	2	7	3	9	5	6	1	8	15
13	9	1	3	8	6	2	5	7	4	16
15	2	5	8	1	3	4	7	6	9	22
12	1	7	4	6	2	9	3	8	5	16
18	3	6	9	5	7	8	2	4	1	7
	6	18	21	12	12	21	12	18	15	

FRAME SUDOKU - 5

	11	19	15	9	21	15	12	21	12	
19	4	7	8	1	9	3	2	6	5	13
20	5	9	6	2	7	4	1	8	3	12
6	2	3	1	6	5	8	9	7	4	20
17	6	4	7	9	1	5	3	2	8	13
12	1	8	3	4	2	6	7	5	9	21
16	9	2	5	3	8	7	4	1	6	11
15	7	6	2	8	4	9	5	3	1	9
	8	3	1	4	5	6	2	8	9	7	24
22	8	5	9	7	3	1	6	4	2	12
	18	12	15	20	13	12	19	16	10	

FRAME SUDOKU - 6

	9	16	20	24	15	6	12	15	18	
18	6	4	8	9	5	3	2	1	7	10
18	2	7	9	8	4	1	6	5	3	14
9	1	5	3	7	6	2	4	9	8	21
16	9	2	5	1	8	7	3	6	4	13
14	7	1	6	4	3	5	9	8	2	19
15	8	3	4	6	2	9	1	7	5	13
14	3	9	2	5	7	6	8	4	1	13
14	5	8	1	3	9	4	7	2	6	15
17	4	6	7	2	1	8	5	3	9	17
	12	23	10	10	17	18	20	9	16	

FRAME SUDOKU - 7

	21	14	10	7	15	23	13	21	11	
21	8	6	7	1	5	9	2	4	3	9
10	4	5	1	2	3	8	6	9	7	22
14	9	3	2	4	7	6	5	8	1	14
8	1	2	5	9	6	4	3	7	8	18
19	6	9	4	3	8	7	1	2	5	8
18	7	8	3	5	1	2	4	6	9	19
15	5	4	6	8	9	1	7	3	2	12
11	2	1	8	7	4	3	9	5	6	20
19	3	7	9	6	2	5	8	1	4	13
	10	12	23	21	15	9	24	9	12	

FRAME SUDOKU - 8

	15	13	17	11	13	21	20	15	10	
15	1	6	8	4	2	5	9	3	7	19
15	5	3	7	1	8	9	6	4	2	12
15	9	4	2	6	3	7	5	8	1	14
23	6	8	9	3	4	1	2	7	5	14
12	4	7	1	2	5	6	3	9	8	20
10	3	2	5	7	9	8	1	6	4	11
12	8	1	3	5	6	4	7	2	9	18
22	7	9	6	8	1	2	4	5	3	12
11	2	5	4	9	7	3	8	1	6	15
	17	15	13	22	14	9	19	8	18	

FRAME SUDOKU - 9

	8	20	17	20	17	8	20	15	10	
16	4	5	7	8	6	3	9	2	1	12
11	3	6	2	5	9	1	8	7	4	19
18	1	9	8	7	2	4	3	6	5	14
18	5	4	9	3	8	6	2	1	7	10
16	8	7	1	4	5	2	6	9	3	18
11	6	2	3	9	1	7	4	5	8	17
15	9	1	5	2	4	8	7	3	6	16
21	7	8	6	1	3	9	5	4	2	11
9	2	3	4	6	7	5	1	8	9	18
	18	12	15	9	14	22	13	15	17	

FRAME SUDOKU - 10

	13	22	10	13	17	15	13	14	18	
16	2	8	6	5	9	4	7	1	3	11
10	4	5	1	7	6	3	2	8	9	19
19	7	9	3	1	2	8	4	5	6	15
12	1	4	7	2	5	6	9	3	8	20
16	5	3	8	9	4	7	6	2	1	9
17	9	6	2	8	3	1	5	7	4	16
20	8	7	5	4	1	9	3	6	2	11
16	6	1	9	3	7	2	8	4	5	17
9	3	2	4	6	8	5	1	9	7	17
	17	10	18	13	16	16	12	19	14	

FRAME SUDOKU - 11

	16	15	14	8	17	20	6	15	24	
9	1	5	3	4	9	7	2	6	8	16
15	9	2	4	1	6	8	3	5	7	15
21	6	8	7	3	2	5	1	4	9	14
14	4	9	1	8	7	3	5	2	6	13
14	5	3	6	9	1	2	7	8	4	19
17	2	7	8	6	5	4	9	1	3	13
6	3	1	2	7	4	6	8	9	5	22
17	8	4	5	2	3	9	6	7	1	14
22	7	6	9	5	8	1	4	3	2	9
	18	11	16	14	15	16	18	19	8	

FRAME SUDOKU - 12

	21	14	10	18	12	15	12	18	15	
12	4	5	3	8	2	9	1	7	6	14
22	9	7	6	3	4	1	2	8	5	15
11	8	2	1	7	6	5	9	3	4	16
15	3	8	4	6	1	2	7	5	9	21
18	2	9	7	4	5	8	3	6	1	10
12	1	6	5	9	3	7	4	2	8	14
18	7	3	8	5	9	4	6	1	2	9
16	6	1	9	2	8	3	5	4	7	16
11	5	4	2	1	7	6	8	9	3	20
	18	8	19	8	24	13	19	14	12	

FRAME SUDOKU - 13

	21	10	14	22	7	16	16	17	12	
21	8	6	7	9	2	3	1	5	4	10
9	4	3	2	7	1	5	8	9	6	23
15	9	1	5	6	4	8	7	3	2	12
21	7	5	9	8	6	2	3	4	1	8
6	1	2	3	5	9	4	6	7	8	21
18	6	8	4	1	3	7	9	2	5	16
7	2	4	1	3	8	9	5	6	7	18
16	3	7	6	2	5	1	4	8	9	21
22	5	9	8	4	7	6	2	1	3	6
	10	20	15	9	20	16	11	15	19	

FRAME SUDOKU - 14

	18	19	8	14	15	16	12	12	21	
13	2	8	3	4	5	6	7	1	9	17
13	7	5	1	3	8	9	2	6	4	12
19	9	6	4	7	2	1	3	5	8	16
14	4	2	8	9	1	7	6	3	5	14
15	3	7	5	6	4	8	9	2	1	12
16	6	1	9	2	3	5	4	8	7	19
18	8	4	6	5	9	3	1	7	2	10
10	5	3	2	1	7	4	8	9	6	23
17	1	9	7	8	6	2	5	4	3	12
	14	16	15	14	22	9	14	20	11	

FRAME SUDOKU - 15

	13	17	15	7	15	23	13	18	14	
11	7	3	1	4	5	9	2	6	8	16
15	4	5	6	2	3	8	7	9	1	17
19	2	9	8	1	7	6	4	3	5	12
7	1	4	2	8	6	5	3	7	9	19
18	6	7	5	9	1	3	8	2	4	14
20	9	8	3	7	4	2	1	5	6	12
11	5	2	4	3	9	1	6	8	7	21
18	8	1	9	6	2	7	5	4	3	12
16	3	6	7	5	8	4	9	1	2	12
	16	9	20	14	19	12	20	13	12	

FRAME SUDOKU - 16

	12		10		16	15	8	17		
21	5	9	7	3	2	1	4	8	6	
	4	6	1	7	9	8	3	2	5	10
13	3	8	2	4	5	6	1	7	9	
	2	3	4	1	7	5	9	6	8	23
	7	5	6	8	3	9	2	4	1	7
18	9	1	8	2	6	4	7	5	3	
19	8	2	9	5	4	3	6	1	7	14
11	1	7	3	6	8	2	5	9	4	
	6	4	5	9	1	7	8	3	2	13
	15	13		20		19		13		

FRAME SUDOKU - 17

	15	16			13	18	11	10	
18	3	6	9	5	8	2	4	1	7
13	7	2	4	6	1	9	5	3	8
	5	8	1	3	4	7	2	6	9	17
	6	5	7	8	9	3	1	2	4	7
15	4	3	8	7	2	1	6	9	5	20
	1	9	2	4	6	5	8	7	3	18
18	9	4	5	2	3	6	7	8	1	16
	8	1	6	9	7	4	3	5	2	
12	2	7	3	1	5	8	9	4	6	19
	19	12	14		15	18		17	

FRAME SUDOKU - 18

	15	14	16	19		17	18		21	
14	4	7	3	6	2	9	5	1	8	14
20	9	6	5	8	3	1	4	2	7	
	2	1	8	5	4	7	9	3	6	18
	6	8	9	3	1	4	2	7	5	14
	1	3	2	9	7	5	6	8	4	18
16	5	4	7	2	6	8	1	9	3	
17	8	5	4	7	9	2	3	6	1	
15	7	2	6	1	5	3	8	4	9	21
	3	9	1	4	8	6	7	5	2	14
	18				22	11	18		12	

FRAME SUDOKU - 19

	10		19	19	8			11	19	
	4	6	9	8	3	7	5	1	2	
16	5	3	8	6	1	2	7	4	9	
10	1	7	2	5	4	9	3	6	8	17
	9	5	7	3	8	1	4	2	6	
13	8	1	4	2	7	6	9	5	3	
	3	2	6	4	9	5	1	8	7	16
20	7	8	5	9	2	4	6	3	1	10
7	2	4	1	7	6	3	8	9	5	
	6	9	3	1	5	8	2	7	4	
	15	21		17	13	15		19	10	

FRAME SUDOKU - 20

	13	11		8	19		18			
14	5	1	8	4	2	7	3	9	6	18
	2	7	4	3	9	6	8	1	5	14
	6	3	9	1	8	5	7	2	4	13
10	1	4	5	6	3	9	2	7	8	17
23	8	9	6	5	7	2	1	4	3	8
	7	2	3	8	1	4	6	5	9	20
13	4	8	1	2	5	3	9	6	7	
	3	5	7	9	6	1	4	8	2	14
	9	6	2	7	4	8	5	3	1	9
	19	10	18	15			17			

FRAME SUDOKU - 21

	12	20			11		11	20		
	8	4	9	6	7	2	3	1	5	9
15	2	7	6	3	1	5	4	8	9	
	3	1	5	8	9	4	7	2	6	15
19	9	3	7	4	6	1	8	5	2	15
	4	8	1	2	5	9	6	3	7	16
13	6	5	2	7	8	3	9	4	1	14
15	1	6	8	5	3	7	2	9	4	15
20	7	9	4	1	2	8	5	6	3	
10	5	2	3	9	4	6	1	7	8	
		17			15	9		8	22	

FRAME SUDOKU - 22

	18	18	22	12		14	10	21		
18	2	7	9	8	6	1	4	3	5	12
19	6	8	5	9	4	3	2	1	7	
	1	3	4	5	2	7	8	6	9	23
	4	1	8	3	9	2	7	5	6	18
22	7	9	6	4	1	5	3	2	8	13
10	3	5	2	6	7	8	9	4	1	
21	8	6	7	2	5	4	1	9	3	13
12	5	4	3	1	8	9	6	7	2	
	9	2	1	7	3	6	5	8	4	17
	22	12			16			24	9	

FRAME SUDOKU - 23

	20	19		17		14	12		
13	1	5	7	2	3	4	8	6	9	23
17	6	2	9	8	5	7	4	3	1	8
	3	8	4	9	1	6	7	5	2	14
12	2	7	3	5	6	8	9	1	4	
	4	9	5	7	2	1	3	8	6	17
15	8	6	1	3	4	9	5	2	7	14
	7	3	8	6	9	2	1	4	5	10
15	9	4	2	1	8	5	6	7	3	16
12	5	1	6	4	7	3	2	9	8	
		8		11	24	10		16	

FRAME SUDOKU - 24

	12	15	22	11		17	16		
	6	1	5	9	8	4	7	2	3	12
20	8	9	3	7	2	5	1	6	4	11
	4	2	7	6	1	3	9	8	5	
18	9	5	4	8	6	2	3	7	1	11
	7	6	2	3	5	1	8	4	9	
12	3	8	1	4	9	7	6	5	2	13
15	2	4	9	1	7	6	5	3	8	
	1	3	6	5	4	8	2	9	7	
20	5	7	8	2	3	9	4	1	6	
		14	23	8		23	11	13	

FRAME SUDOKU - 25

	20	10	15		11	18	13	22		
	9	3	6	4	2	8	7	5	1	13
10	4	5	1	7	6	9	2	8	3	
17	7	2	8	5	3	1	4	9	6	19
22	6	7	9	2	5	3	8	1	4	
17	5	8	4	1	7	6	3	2	9	14
6	2	1	3	9	8	4	5	6	7	18
24	8	9	7	6	4	5	1	3	2	
	1	4	5	3	9	2	6	7	8	21
11	3	6	2	8	1	7	9	4	5	
		12	19		17		16	15		

FRAME SUDOKU - 26

	18	15		17	17		10	14	21	
	9	7	8	2	5	1	3	4	6	
	5	6	1	7	3	4	2	9	8	19
9	4	2	3	8	9	6	5	1	7	13
7	2	1	4	3	6	8	9	7	5	
21	7	9	5	1	4	2	8	6	3	
17	8	3	6	5	7	9	1	2	4	7
	3	4	2	9	8	7	6	5	1	12
	1	8	7	6	2	5	4	3	9	
20	6	5	9	4	1	3	7	8	2	
		17	18		11	15	17		

FRAME SUDOKU - 27

	20			10	16		15	14		
	9	8	1	7	4	5	2	6	3	11
10	5	3	2	1	9	6	4	7	8	19
17	6	7	4	2	3	8	9	1	5	
17	1	9	7	4	5	2	3	8	6	
	8	4	3	9	6	7	1	5	2	8
13	2	6	5	3	8	1	7	9	4	
16	7	1	8	5	2	3	6	4	9	
12	4	2	6	8	1	9	5	3	7	15
	3	5	9	6	7	4	8	2	1	
		8		19	10	16	19	9		

FRAME SUDOKU - 28

	15		16	15			17	11		
14	4	3	7	8	2	9	6	1	5	12
8	2	5	1	3	6	7	4	8	9	21
	9	6	8	4	1	5	7	2	3	
15	8	1	6	7	9	4	3	5	2	10
	3	4	5	6	8	2	1	9	7	17
	7	9	2	5	3	1	8	6	4	
12	5	8	3	2	4	6	9	7	1	17
	1	7	4	9	5	8	2	3	6	11
17	6	2	9	1	7	3	5	4	8	
		12		16	12	16	17	16		15

FRAME SUDOKU - 29

	11	12	22	18	15		21	9	15	
13	3	2	8	6	5	9	7	4	1	12
10	1	4	5	8	7	2	6	3	9	18
	7	6	9	4	3	1	8	2	5	
	2	5	6	9	4	7	1	8	3	12
	8	9	7	1	6	3	2	5	4	11
8	4	1	3	2	8	5	9	7	6	
	5	7	2	3	9	6	4	1	8	
16	9	3	4	7	1	8	5	6	2	13
	6	8	1	5	2	4	3	9	7	19
	20			15			18	12	17	

FRAME SUDOKU - 30

	16	15		15	13	18	8	19		
15	5	3	7	9	4	8	6	1	2	9
18	8	4	6	1	5	2	7	3	9	19
	1	9	2	7	6	3	5	4	8	
	4	6	1	8	3	7	9	2	5	16
20	9	8	3	5	2	1	4	7	6	
14	7	2	5	4	9	6	1	8	3	12
7	2	1	4	6	8	9	3	5	7	15
	3	7	9	2	1	5	8	6	4	
	6	5	8	3	7	4	2	9	1	12
	11	13		16		13		12		

FRAME SUDOKU - 31

	17		17	19		16		13	20	
16	4	3	9	7	5	8	1	2	6	
	5	1	2	3	4	6	8	7	9	24
21	8	7	6	9	1	2	3	4	5	
14	1	8	5	4	6	3	7	9	2	
	3	6	7	8	2	9	4	5	1	
15	9	2	4	5	7	1	6	3	8	17
	7	4	1	6	9	5	2	8	3	
14	6	5	3	2	8	4	9	1	7	17
	2	9	8	1	3	7	5	6	4	15
	15	18			20	16	16	15		

FRAME SUDOKU - 32

	17			10			13		12	
11	6	4	1	8	7	9	3	5	2	10
20	9	3	8	6	2	5	4	7	1	
	2	7	5	3	1	4	6	8	9	
	1	5	6	2	4	8	7	9	3	
13	3	8	2	9	5	7	1	4	6	
20	7	9	4	1	3	6	5	2	8	15
16	8	1	7	4	9	3	2	6	5	
14	5	6	3	7	8	2	9	1	4	14
	4	2	9	5	6	1	8	3	7	18
		9			23	6			16	

FRAME SUDOKU - 33

		15	13	12		14	18			
18	5	6	7	1	4	2	8	3	9	20
	9	1	2	6	8	3	4	5	7	
15	3	8	4	5	7	9	6	2	1	9
10	1	4	5	2	6	7	3	9	8	20
17	6	2	9	8	3	1	7	4	5	16
	8	7	3	4	9	5	1	6	2	
15	4	5	6	9	1	8	2	7	3	12
	7	9	8	3	2	6	5	1	4	
	2	3	1	7	5	4	9	8	6	23
			15		8		16	16		

FRAME SUDOKU - 34

		13	11	18		16		7		
16	9	4	3	2	8	6	7	5	1	
19	5	6	8	4	7	1	3	9	2	14
	1	7	2	5	3	9	6	8	4	18
	2	5	9	3	4	7	1	6	8	15
16	7	3	6	9	1	8	2	4	5	
13	4	8	1	6	5	2	9	3	7	
	6	9	7	8	2	4	5	1	3	9
9	3	2	4	1	9	5	8	7	6	21
14	8	1	5	7	6	3	4	2	9	
		12	16	16			17	10		

FRAME SUDOKU - 35

	19			16	18	21			
	8	3	1	7	2	9	6	5	4	15
20	6	9	5	3	8	4	7	1	2	10
	4	7	2	1	6	5	8	9	3	
15	1	5	9	6	3	7	4	2	8	14
13	3	4	6	2	5	8	1	7	9	17
	7	2	8	4	9	1	5	3	6	
	9	1	3	5	4	6	2	8	7	
15	2	6	7	8	1	3	9	4	5	
17	5	8	4	9	7	2	3	6	1	10
	16		14			11	14	18		

FRAME SUDOKU - 36

	14	15	14	13				13		
	6	4	5	8	3	7	2	9	1	
24	8	7	9	2	1	6	3	4	5	12
6	2	3	1	4	9	5	6	8	7	
12	3	1	8	5	2	9	7	6	4	17
16	4	5	7	1	6	3	8	2	9	19
	9	6	2	7	4	8	1	5	3	
19	7	8	4	3	5	2	9	1	6	
	5	2	6	9	7	1	4	3	8	15
	1	9	3	6	8	4	5	7	2	14
	19	13		20	7	18		16		

FRAME SUDOKU - 37

	15	18		15	12		15	16		
18	4	6	8	1	3	2	7	5	9	21
	9	5	1	8	4	7	6	2	3	11
	2	7	3	6	5	9	1	8	4	
	6	3	4	2	9	1	8	7	5	
	1	9	5	4	7	8	2	3	6	11
17	8	2	7	3	6	5	4	9	1	14
	5	8	6	7	1	3	9	4	2	
6	3	1	2	9	8	4	5	6	7	18
20	7	4	9	5	2	6	3	1	8	12
		13		21		13		11	17	

FRAME SUDOKU - 38

	13		16		23			8	18	
	5	4	8	3	9	2	7	1	6	
	1	9	6	5	8	7	3	2	4	9
12	7	3	2	4	6	1	9	5	8	22
11	3	7	1	2	4	9	8	6	5	
	6	2	4	7	5	8	1	3	9	13
22	9	8	5	1	3	6	4	7	2	13
	2	6	3	9	1	4	5	8	7	20
	8	1	9	6	7	5	2	4	3	9
16	4	5	7	8	2	3	6	9	1	
	14		19			12		21		

FRAME SUDOKU - 39

	15	19		13	15		17			
22	5	9	8	2	1	4	6	3	7	
	6	3	1	8	9	7	2	5	4	11
13	4	7	2	3	5	6	9	1	8	18
21	8	6	7	5	2	3	4	9	1	14
	2	5	9	4	7	1	8	6	3	17
8	3	1	4	6	8	9	5	7	2	
	1	8	6	9	3	2	7	4	5	
14	9	2	3	7	4	5	1	8	6	15
16	7	4	5	1	6	8	3	2	9	
		14			13			14	20	

FRAME SUDOKU - 40

	15	13		7	24			19	12	
15	2	5	8	1	7	3	4	9	6	19
	9	1	3	4	8	6	7	2	5	
17	4	7	6	2	9	5	3	8	1	
	8	2	1	6	5	7	9	4	3	
16	3	9	4	8	2	1	6	5	7	18
18	7	6	5	3	4	9	8	1	2	11
16	1	8	7	5	3	4	2	6	9	
11	6	3	2	9	1	8	5	7	4	16
	5	4	9	7	6	2	1	3	8	12
	12	15			14	8		16		

www.ingramcontent.com/pod-product-compliance
Lightning Source LLC
Chambersburg PA
CBHW082108220526
45472CB00009B/2100